U0108876

人體運作
圖解百科

STEM 新思維培養

人體運作圖解百科
HOW THE BODY WORKS

莎拉・布魯爾（Sarah Brewer）

維珍尼亞・史密斯（Virginia Smith）

妮寇拉・譚普（Nicola Temple） 著

林 瑤 宮禮星 譯

Original Title: *How the Body Works: The Facts Visually Explained*
Copyright © Dorling Kindersley Limited, 2016
A Penguin Random House Company

本書中文繁體版由 DK 授權出版。
本書中文譯文由電子工業出版社有限公司授權使用。

人體運作圖解百科

作　　者：莎拉·布魯爾（Sarah Brewer）
　　　　　維珍尼亞·史密斯（Virginia Smith）
　　　　　妮寇拉·譚普（Nicola Temple）
譯　　者：林　瑤　宮禮星
責任編輯：張宇程
出　　版：商務印書館（香港）有限公司
　　　　　香港筲箕灣耀興道 3 號東滙廣場 8 樓
　　　　　http://www.commercialpress.com.hk
發　　行：香港聯合書刊物流有限公司
　　　　　香港新界荃灣德士古道 220-248 號荃灣工業中心 16 樓
印　　刷：中華商務彩色印刷有限公司
　　　　　香港新界大埔汀麗路 36 號中華商務印刷大廈
版　　次：2022 年 4 月第 1 版第 2 次印刷
　　　　　© 2020 商務印書館（香港）有限公司
　　　　　ISBN 978 962 07 3453 3
　　　　　Published in Hong Kong SAR. Printed in China.

For the curious
www.dk.com

目錄

顯微鏡下
的人體

顯微鏡下
的人體

誰是主宰？

　　人體的所有行為均是由一系列器官和組織組成的系統共同完成的。每一個系統負責一種功能，比如呼吸或消化。絕大多數時候，由大腦和脊髓擔任主要的協調中心，但是人體的各個系統之間也總是能相互溝通和彼此指導。

人體中是否存在**某個系統，我們即使缺少該系統，也能夠活下去？**

人體所有的系統都是至關重要的。與某些器官（比如闌尾）不同，任何一個系統喪失功能，通常都會導致死亡。

多系統功能的器官

　　系統是指具有單一功能的人體各部分的組合。然而，人體的某些部分可能會有多於一種功能。比如胰腺，當其將消化液輸送至腸道時，參與的是消化系統的功能；而當其釋放激素至血液中時，則是內分泌系統的一部分。

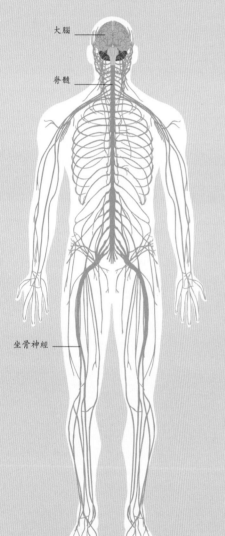

中樞神經系統
大腦和脊髓處理全身各處通過廣泛神經網絡傳來的各種信息，並對其作出反應。

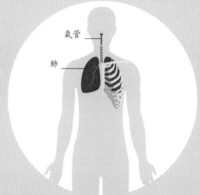

呼吸系統
肺將空氣傳送至血液中，以便進行氧氣和二氧化碳的交換。

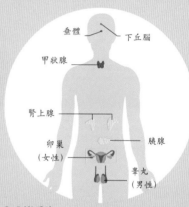

內分泌系統
該腺體系統分泌各種激素，後者作為機體的各種化學信使，負責將信息傳送至人體的其他系統。

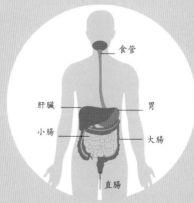

消化系統
胃和腸道是該系統的主要部分，可以把食物轉變為人體需要的營養物質。

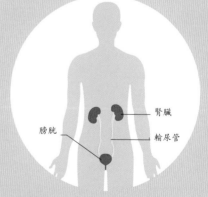

泌尿系統
腎臟過濾血液，以清除不必要的物質，後者短暫存儲於膀胱中，並隨尿液排出體外。

大腦

大腦接收來自眼睛、內耳及身體各處神經的信息，並將其進行整合，以獲得平衡感及身體的方位感。

肌肉和神經

神經脈衝被傳送至肌肉，以及時調整身體的位置並使其保持平衡。神經系統與肌肉系統相互作用，而肌肉系統又於骨骼（骨骼系統）發揮作用。

呼吸和心率

來自大腦的信息可促進激素的釋放，以應對身體正在承受的壓力。此時呼吸變得急促，心率也增加，這樣肌肉便可以獲得更多氧氣。

消化系統和泌尿系統

內分泌系統釋放的應激激素於消化系統和泌尿系統發揮作用，使其活動減慢，因為其他地方正需要能量！

有一種說法是**人體器官的總數估計有 78 個**，但大家的意見並不一致！

一切趨於平衡

人體的各個系統沒有一個是自己獨立運作的，各系統皆恆常地回應外在信息，以使身體平穩運轉。為了達到平衡，身體的每一個系統都可以作出調整，以補償其他系統可能在壓力之下所需更多的身體資源。

每一萬個人中，就有一**個人**的內臟器官長在**常人位置的另一側**。

器官

人體的器官通常是自給自足的，並各自發揮一種特定的功能。構成器官的組織幫助器官發揮其特定的功能。例如，胃主要由肌肉組織組成，可以擴張和收縮，以適應食物的攝入量。

食道

胃的結構
胃的主要組織是肌肉，但也有分泌消化液的腺體組織以及在其內外表面形成保護屏障的上皮組織。

胃有三層平滑肌

從器官到細胞

人體的每個器官在肉眼下均是獨特且容易分辨的。然而，當把器官切開，則可以看到同一個器官裏含有不同層面的組織。而在每一個組織裏則又是不同類型的細胞。這些細胞相互協作，以幫助器官執行其功能。

胃

小腸入口

胃內壁為分泌黏液或胃酸的細胞

人體最大的器官是哪一個？

肝臟是人體最大的內臟器官，但事實上，皮膚才是人體最大的器官，其重量約有2.7公斤（6磅）。

胃外壁為上皮細胞

組織和細胞

組織是由一羣相連的細胞構成的。組織有不同的類型，例如形成胃壁的平滑肌和附着在骨骼上並使其運動的骨骼肌。除了細胞外，組織也可能含有其他結構，如結締組織中的膠原纖維。細胞是一個自給自足的生命單位，是所有生命體最基本的結構。

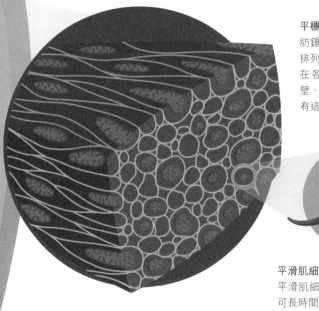

平穩動作
紡錘形平滑肌細胞的鬆散排列使得這種肌肉組織可在各個方向收縮。在腸壁、血管和泌尿系統中均有這種組織。

平滑肌細胞
平滑肌細胞的形態為細長形，可長時間活動而不會疲勞。

組織的類型

人體中共有四種不同類型的組織。這些組織可進一步分為不同的亞型，比如，血管和骨骼為結締組織。每種類型的組織又有不同的特性，如強度、彈性及活動度等適應其特定功能的特性。

結締組織
可連接、支持、結合及分離其他組織和器官。

上皮組織
緊密連接在一起，組成多層屏障。

肌肉組織
由細長的細胞組成，並通過放鬆和收縮來引起運動。

神經組織
神經細胞協同一致來傳導電脈衝。

細胞的類型

人體內大約有 200 多種類型的細胞。這些細胞在顯微鏡下看起來很不一樣，但是絕大多數都有共同的特徵，如細胞核、細胞膜和細胞器。

紅細胞（紅血球）
紅細胞沒有細胞核，因此可以盡可能多地運載氧氣。

神經細胞
神經細胞可在大腦及身體各部分之間傳導電信號。

上皮細胞
在體表及體腔中緊密排列，以形成屏障。

脂肪細胞
儲存脂肪分子，有助於身體保溫，並可轉化為能量。

骨骼肌細胞
排列成纖維束狀，收縮時可引起骨骼運動。

生殖細胞
女性的卵子與男性的精子結合時就可形成新的胚胎。

感光細胞
排列於眼睛後部，可對映照在其上的光線作出反應。

毛細胞
可收集通過內耳液傳導的聲音振動。

細胞如何運作

　　身體是由 10 萬億個細胞組成的，每一個細胞又是一個自給自足的生命單位。每一個細胞可以使用能量、進行複製、清除廢物並相互溝通。細胞是一切生物的基本單位。

細胞的功能

　　絕大多數細胞都有細胞核，細胞核位於細胞中心且包含遺傳信息（DNA）。細胞正是依靠這些遺傳學信息來產生各種各樣賴以生存的分子，而產生這些分子的原材料全部位於細胞中。細胞內部還有一些名為細胞器的結構行使着一些特殊的功能，類似人體的器官。細胞器位於細胞核和細胞膜之間的細胞質中。在細胞運轉的過程中，一些分子會從細胞內外進進出出，就像一家高效運轉的工廠。

1　接收信號
　　細胞內的任何活動均由從細胞核發出的信號控制，這些信號由信使核糖核酸（mRNA）從細胞核運送至細胞質。

2　組裝
　　mRNA 運行至附着於細胞核的粗面內質網上，並進入散佈於粗面內質網表面的核糖體中。在此處，mRNA 上所攜帶的遺傳信息被加工成氨基酸鏈，進而組裝成蛋白質分子。

3　包裝
　　蛋白質進入細胞的囊泡中，再由囊泡攜帶至高爾基體。高爾基體就像是細胞的「郵件收發室」，在這裏，蛋白質被包裝好並貼上其將要被送至何處的標籤。

4　轉運
　　根據其表面不同的目的地標籤，高爾基體將蛋白質放入不同類型的囊泡中。接着，這些囊泡開始出芽，那些需要被運至細胞外的囊泡則首先與細胞膜融合，再被釋放出去。

細胞的內部結構
無數的細胞器組成了細胞的內部結構，不同的細胞有不同的內部結構。

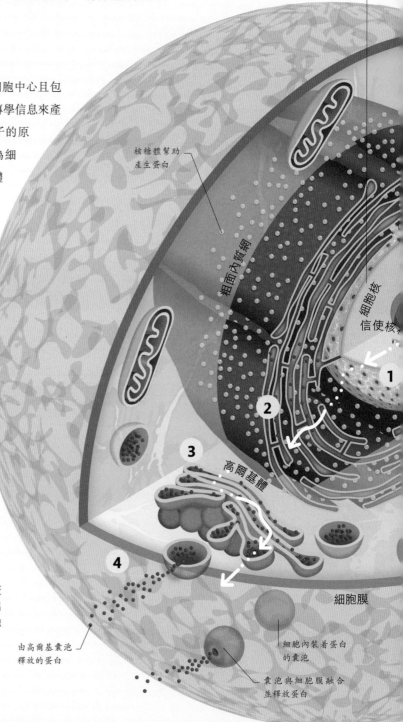

細胞核是細胞的指揮中心，以 DNA 的形式包含着人體的遺傳學藍圖。細胞核由充滿小孔的外膜包圍着，並由這些小孔控制進出細胞核的物質

核糖體幫助產生蛋白

粗面內質網

細胞核

信使核糖核酸

高爾基體

細胞膜

由高爾基囊泡釋放的蛋白

細胞內裝着蛋白的囊泡

囊泡與細胞膜融合並釋放蛋白

細胞如何移動？

大多數細胞通過由蛋白質組成的長纖維從細胞內部推動細胞膜向前運動，而精子細胞含有尾部，可通過來回擺動其尾部移動。

滑面內質網

滑面內質網可生產及加工脂肪和一些激素。由於其表面缺乏核糖體，因此看起來比較光滑

中心體是微管蛋白的組織中心，而微管蛋白可在細胞分裂時分開染色體，從而起到分離 DNA 的作用

囊泡是運輸物質的容器，可將物質從細胞內移至細胞膜，亦可將物質由細胞膜運至細胞內

溶酶體中有一些用於除掉無用分子的化學物，因此在細胞中主要起清除作用

細胞器之間的空間是細胞質，其中充滿了微管蛋白

線粒體是細胞的「動力室」，大多數細胞所需的化學能量在此產生

中心體

囊泡

溶酶體

線粒體

大多數細胞的**直徑**僅有 **0.001 毫米**。

細胞的死亡

當細胞到達其生命週期的自然終點，則會發生細胞死亡，這是細胞自行解體、縮小並碎片化的主動過程。此外，當細胞受到感染或有毒物質傷害時，也可提前死亡。這種情況稱為細胞壞死。在此過程中，細胞內部結構與其胞膜分離，導致胞膜破裂，細胞死亡。

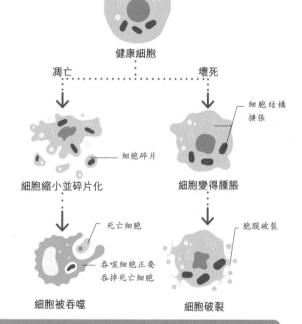

健康細胞

凋亡 — 壞死

細胞結構擴張

細胞碎片

細胞縮小並碎片化 — 細胞變得腫脹

死亡細胞

胞膜破裂

吞噬細胞正要吞掉死亡細胞

細胞被吞噬 — 細胞破裂

細胞信號

由遠處的細胞、鄰近細胞甚至細胞本身產生的分子，與細胞膜上的受體結合，引起細胞內部的變化。這就是細胞與細胞之間相互交流、接收信息及對環境作出反應的過程。

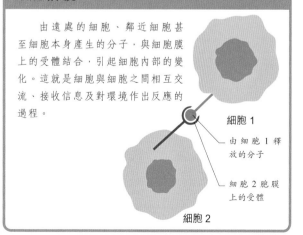

細胞 1

由細胞 1 釋放的分子

細胞 2 胞膜上的受體

細胞 2

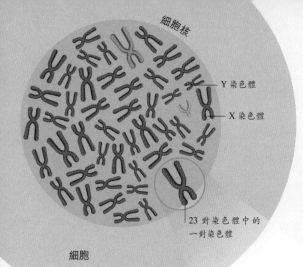

細胞核

Y 染色體

X 染色體

23 對染色體中的
一對染色體

細胞

X 染色體

男孩還是女孩？

人類共有 46 條染色體，其中 23 條
來自母親，另外 23 條來自父親。其
中，在第 1 到第 22 對染色體中，兩
條染色體基本一樣，僅在某些基因
中有些微不同。而第 23 對染色體
則決定了我們的性別。女性為兩條
X 染色體，而男性為一條 X 染色體
和一條 Y 染色體。X 染色體上的基
因僅有少數出現在長度更短的 Y 染
色體上，且這些基因大多數表達男
性特徵。

Y 染色體

控制中心

除了沒有細胞核的成熟紅細胞
外，DNA 均儲存在每個細胞
的細胞核中。每個細胞核中的
DNA 長達 2 米（6 英尺），緊
密纏繞成 23 對染色體。

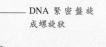

染色體

身體的「建築工」

用於建造人體的基因長度從幾百個鹼基
到 200 多萬個鹼基（比此圖中顯示的長
度長）不等。每個基因產生一種蛋白。這
些蛋白也就是構建人體整個龐大身軀的
「小磚塊」，可以形成細胞、組織以及器
官。蛋白也可以調控身體內所有運轉過
程。

人類遺傳學的圖書館

　　DNA 是一種長分子，它為生物體
的發育、存活和繁殖提供了所有必需
的信息。它就像一道扭曲的梯子，每
個階梯上有一對化學鹼。這些鹼基形
成名為基因的長序列，其上編碼着構
建蛋白質的指令。當細胞需要複製其
DNA 或是製造新蛋白時，梯子的兩邊
便解開，以複製基因。人類的 DNA 中
含有 30 億個鹼基及接近 2 萬個基因。

DNA 緊密盤旋
成螺旋狀

每一束 DNA 外側為糖
和磷酸分子

DNA 是甚麼？

　　DNA 也稱脫氧核糖核酸，是存在於幾乎所有生命體中的長鏈分
子。DNA 長鏈由鹼基序列組成。神奇的是，這些鹼基序列編碼了整個
生命體的信息。我們每個人的 DNA 均是從父母那裏遺傳得來的。

彩條顯示了四個鹼基——腺
嘌呤、胸腺嘧啶、鳥嘌呤和
胞嘧啶，它們排列在一個特
定而有意義的序列中

表達自己

　　人體中絕大多數基因都是相同的，因為它們共同編碼生命所必需的分子。然而，人羣中約有 1% 的基因有略微的差別，稱為等位基因，可幫助人們形成具有自身獨特性的身體特徵。雖然這些大都是無害的特徵，如頭髮或眼睛的顏色等，但是它們也可能導致一些問題，如血友病或囊性糠疹。由於等位基因都是成對出現的，因此其中一個基因的作用可能會蓋過另一個基因，而使得另一個基因所編碼的特徵被隱藏起來。

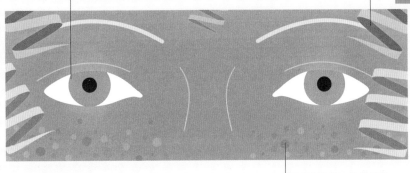

眼睛的顏色具有遺傳性，可被 16 個控制顏色的基因中的任何一個所影響

一些基因可調控毛髮的捲曲度。但如果父母均為卷髮，所生的孩子也有可能是直髮

雀斑是由單一基因控制的，而基因的變異控制着雀斑的數量

一些不可預測的結果
人體的多數身體特徵都由一個以上的基因調控，因此，可能會出現預期之外的基因組合。

解開 DNA

　　染色體把 DNA 打包並放在細胞核中。DNA 纏繞在圍繞每個染色體中心的線軸狀蛋白質周圍。DNA 雙螺旋是由一對對鹼基連接的兩股磷酸糖組成的。鹼基的配對有固定的規則，但序列則與它們最終產生的蛋白質有關。

DNA 鏈一側的鹼基與另一側的鹼基互補配對。此處，胞嘧啶（綠色）與鳥嘌呤（藍色）相互配對

腺嘌呤（紅色）總是與胸腺嘧啶（黃色）配對

鳥嘌呤（藍色）總是與胞嘧啶（綠色）配對

人類擁有最多的基因數量嗎？

　　人類的基因數量其實相對較少，比雞（1.6 萬個基因）多，而比洋蔥（10 萬個基因）或變形蟲（20 萬個基因）少。這是由於人從 DNA 上丟失無用基因的速度比它們（洋蔥或變形蟲等）快的緣故。

細胞如何繁殖

　　所有人的生命均是從一個細胞開始的，並在這個單一細胞的基礎上發育成特定的組織及器官。為了使身體成長，細胞需要複製。即使長大後的成人，仍然需要複製細胞，因為某些細胞受到損傷或是完成其生命週期，需要新的細胞來代替。細胞複製可通過兩個過程來完成：有絲分裂和減數分裂。

失控

　　當突變的細胞開始快速且不受控制地分裂時，就會導致癌症。癌細胞之所以能快速繁殖，是因為它們能越過有絲分裂的「檢查點」，使其複製的速度遠遠比周圍的正常細胞快，攝取更多氧氣及營養。

癌細胞

損耗

在需要新細胞的時候就會發生有絲分裂。一些細胞，如神經細胞，幾乎不可再生；而其他細胞比如附着胃腸道或味蕾的細胞，則每隔幾天就會進行一次有絲分裂。

1　休息期
母細胞檢查其 DNA 有否受到損傷，並對受損 DNA 進行必要的修復，以作好準備。

細胞

細胞核

細胞 46 條染色體中的 4 條

6　子細胞
兩個子細胞形成，每個子細胞的細胞核中所含的 DNA 拷貝數均與母細胞完全一樣。

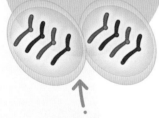

有絲分裂

　　每個細胞在其生命週期中都會進入一個稱為有絲分裂的階段。細胞進行有絲分裂時，其 DNA 發生複製並均勻分開，以形成兩個一模一樣的細胞核，每個細胞核中所含有的 DNA 拷貝數則與原來的母細胞完全一致。隨後，細胞的細胞質及細胞器開始分開，以形成兩個子細胞。在 DNA 複製及分裂的過程中，有一系列的檢查點來修復被損傷的 DNA。如果損傷的 DNA 沒有被修復，則可能導致永久的基因突變和疾病。

2　準備期
在進入有絲分裂之前，母細胞中的每條染色體進行精確的複製。所有染色體均聚集在着絲粒區域。

着絲粒

3　排列
所有複製的染色體附着在特殊的纖維上，並在細胞中心排成一排。

纖維

5　分裂
在每組染色體周圍形成細胞核膜，細胞膜被拉開並形成兩個細胞。

4　分離
染色體在其連接點（着絲粒）處分開，並在細胞中移向相對的兩極。

着絲粒

2 配對和交叉
具有相似長度和着絲
粒位置的染色體排列在一起
並進行基因交換。

1 準備期
細胞中的每條染色
體進行複製,並集中在着
絲粒區域。

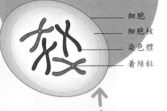

細胞
細胞核
染色體
着絲粒

3 第一次分離
與有絲分裂一樣,染
色體排列好並由一種特殊的
纖維拉向細胞的兩極。

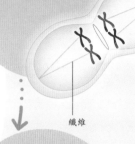

纖維

基因交換

減數分裂是一種特殊的分裂方式,可倒亂 DNA
並將其傳至子代細胞中。在此過程中,DNA 在
各染色體之間進行交換,以形成新的 DNA 組
合。在這些新的組合中,有一些是對人體有利
的。

6 四個子細胞
這樣便產生了四個子
細胞,每個子細胞所含的染
色體數目只有最初母細胞的
一半,而且每個細胞在遺傳
學上都是獨特的。

5 第二次分離
每個細胞的染色體均
排列在其中線處,隨之被拉
開。這樣,新的細胞只含該
細胞染色體數目的一半。

4 兩個子細胞
母細胞分裂,並形
成兩個各含其一半染色體
數目的子細胞。兩個細胞
在遺傳上各有不同,
但都來自母細胞。

減數分裂

卵子細胞和精子細胞是通過一種特殊的分
裂方式產生的,這種方式稱為減數分裂。減數
分裂的意義是使精子細胞和卵子細胞所含的染
色體數目僅有母細胞所含染色體數目的一半,
這樣,當受精時,卵子細胞和精子細胞融合形成
的細胞所含的染色體數目便與母細胞一樣,都
是 46 條。一次減數分裂可產生 4 個子細胞,這
4 個子細胞在遺傳學上均與母細胞有所不同。正
是減數分裂時基因的交換造成了基因的多樣性,
並因此形成了每一個獨特的個體。

唐氏綜合症

在減數分裂時也可能發生錯誤,唐氏綜合症便是其中一個例
子。當人體全部細胞或部分細胞的 21 號染色體多了一條,便會導
致唐氏綜合症。這通常是由於精子細胞或卵子細胞在減數分裂時
染色體未正常分離造成的。唐氏綜合症也稱為 21 三體綜合症。這
條多餘的染色體意味着細胞某些基因過剩,進而阻礙該基因發揮正
常的作用。

多出來的 310 個基
因可以導致某些蛋
白的過剩

三條 21 號染色體

基因如何運作

如果 DNA 是人體的食譜，那麼 DNA 中的基因便等同於食譜中的單一配方；一個基因指導一種化學物或蛋白質的合成。據估計，人體中有大約 2 萬個基因對不同的蛋白質進行編碼。

基因藍圖

要把基因翻譯成蛋白，首先需要在細胞核中通過酶的作用引起 DNA 複製（轉錄），並形成一系列信使核糖核酸（mRNA）。細胞只會複製有用的 DNA，而不是整個 DNA 序列。mRNA 從細胞核進入細胞質，並在此處翻譯成一連串氨基酸，進而合成蛋白質。

氨基酸

轉運 RNA（tRNA）

反密碼子

細胞核膜

細胞核

信使核糖核酸（mRNA）

DNA

DNA 右側基因
序列解開

核膜上的小孔

RNA 多聚酶產生新的
mRNA 鏈

mRNA 上的鹼基序列
與 DNA 鏈上的鹼基
序列相互補

單鏈 DNA

mRNA

1 開始翻譯
新生成的 mRNA 到達並附着在被稱為核糖體的「蛋白質加工廠」上，並在此吸引其對應的帶有氨基酸的 tRNA。

mRNA 鏈從細胞核內
移至細胞質中

細胞核中複製 DNA
在 DNA 複製的過程中，一種特殊的酶結合在 DNA 上，並將 DNA 的雙螺旋解開。接着，這種酶沿着 DNA 鏈繼續向下走，並不斷添加與 DNA 單鏈互補的 RNA 核酸，並最終形成一條 mRNA 鏈。

細胞質

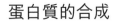

4　氨基酸摺疊成蛋白質
　　當核糖體到達 mRNA 末端的終止密碼子時，便完成了氨基酸長鏈的合成。氨基酸的順序決定了該氨基酸鏈摺疊成蛋白質的方式。

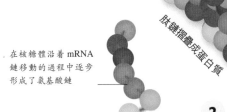

肽鏈摺疊成蛋白質

蛋白質的合成

　　mRNA 上每三個鹼基為一個密碼子，每個密碼子編碼一種特定的氨基酸。氨基酸的種類有 21 種，而一個蛋白質可能由成百上千個不同的氨基酸組成。

在核糖體沿着 mRNA 鏈移動的過程中逐步形成了氨基酸鏈

2　核糖體與氨基酸結合
　　當核糖體沿着 mRNA 鏈移動時，tRNA 以特定的順序與 mRNA 連接。該順序由密碼子配對情況來決定，而密碼子是 mRNA 鏈上的三個相鄰核酸，由於 tRNA 上的三個相鄰核酸與 mRNA 上的相鄰核酸互補，因此，tRNA 上的三個相鄰核酸又稱為反密碼子。

3　合成氨基酸鏈
　　氨基酸從 tRNA 分子上脫離出來，並通過肽鍵結合到先前已合成的氨基酸中，形成氨基酸鏈。

tRNA，當其與對應的氨基酸分離之後，便重新游入細胞質中

核糖體

密碼子

翻譯的丟失

　　基因突變可引起氨基酸序列的改變，如編碼頭髮蛋白的角蛋白基因的第 402 個鹼基中的一個突變，導致賴氨酸被置於谷氨酸的位置。如此，便改變了角蛋白的形狀，使頭髮看起來呈珠狀。

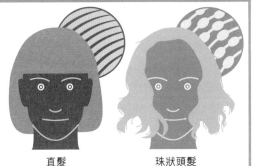

直髮　　　　珠狀頭髮

mRNA 在翻譯之後歸宿何處？

　　一條 mRNA 鏈可能多次翻譯成蛋白，隨後在細胞中被降解。

基因如何決定細胞的類型

DNA 中包含着生命的所有藍圖，但是細胞只會挑選其所需的那些基因（計劃），並利用這些基因來合成那些決定細胞形狀及功能的蛋白質和分子。

基因的表達

每種細胞只會使用或「表達」其全部基因的一部分。在細胞逐步細化的過程中，「沉默」的基因越來越多。這過程處於高度被調控狀態，且按特定順序發生，通常是在 DNA 轉錄成 RNA 時發生（參見第 20 ～ 21 頁）。

細胞如何明確
自身特性及作用？

細胞周圍的化學環境或來自其他細胞的信號，會告訴細胞它們是哪一種組織或器官的一部分，以及它們處於發育過程中的哪個階段。

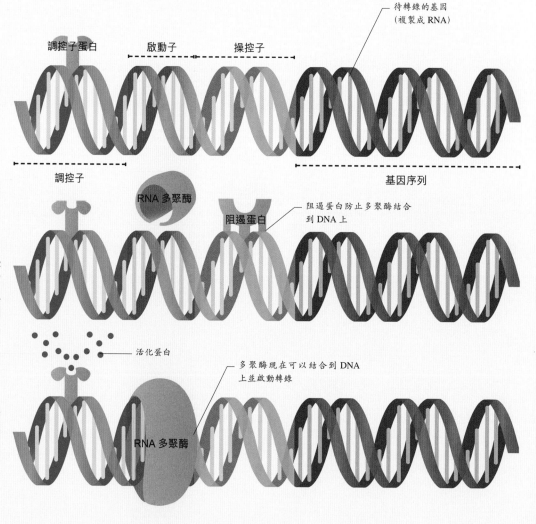

1 調控
通常某基因的轉錄由一系列前序基因控制。這些前序基因包括調控子、啟動子和操控子。基因只有在一切準備就緒後才會發生轉錄。

調控子蛋白　　　啟動子　　　操控子

調控子　　　　基因序列

待轉錄的基因
（複製成 RNA）

2 阻遏蛋白
如果阻遏蛋白阻斷了基因，則轉錄便不能發生。只有當環境的改變將阻遏蛋白去除時，基因才能被重新開啟。

RNA 多聚酶

阻遏蛋白

阻遏蛋白防止多聚酶結合到 DNA 上

3 活化
當活化蛋白與調控子結合，且沒有阻遏蛋白阻斷基因時，基因就開始轉錄。

活化蛋白

多聚酶現在可以結合到 DNA 上並啟動轉錄

RNA 多聚酶

開啟還是關閉？

胚胎細胞起源於幹細胞，後者具有轉化成不同類型細胞的功能。幹細胞最初具有一組相同的基因，它們只是不斷地生長和分裂，以產生更多的細胞。隨着胚胎的發育，需要細胞進行細化，以組成不同的組織，並最終形成器官。因此，當細胞收到信號，則會「關閉」一些基因並「啟動」另一些基因，使其變為特殊類型的細胞。

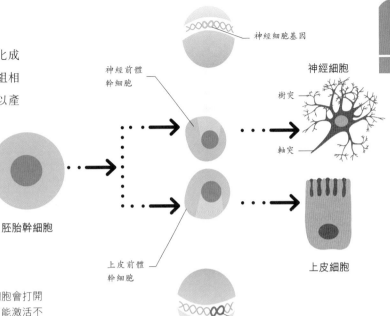

細胞的細化

隨着胚胎的發育，「注定」要成為神經細胞的幹細胞會打開編碼樹突和軸突所需的基因，而另一個幹細胞可能激活不同的基因，從而變成上皮（皮膚）細胞。

管家蛋白

一些蛋白質，如 DNA 修復蛋白或新陳代謝所需的酶，因其是維持生命活動所必需的蛋白，被稱為管家蛋白。這些蛋白中，多數是酶，而另一些則是結構蛋白或轉運蛋白。這些蛋白質的基因總是呈活化狀態。

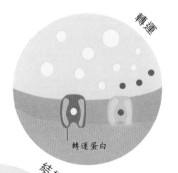

運輸

需要特殊的蛋白質來移動其周圍的物質，或幫助它們穿過細胞膜。

加快速度

酶是加快化學反應的蛋白質，例如某些酶參與食物的分解過程。

提供支持

在所有細胞中均可發現結構蛋白。它們使細胞成型並使細胞器處於合適的位置。

男孩還是女孩？

胚胎在發育到六週的時候，就已經形成了男性或女性全部的內部器官。如果該胚胎是男性胚胎，那麼 Y 染色體就會在這個階段激活並產生可幫助男性生殖器官發育的激素，而同時，則會降解那些可幫助女性生殖器官發育的激素。男性之所以具有看似沒有意義的乳頭，是因為乳頭是在胚胎發育最初的六週內形成的，但它們會否進一步發育則取決於其是處於雄性還是雌性激素環境中。

成體幹細胞

　　成體幹細胞存在於大腦、骨髓、血管、骨骼肌、皮膚、牙齒、心臟、腸道、肝臟、卵巢和睾丸中。這些細胞可以長期處於休眠狀態，直到它們需要取代某些細胞或修復損傷時，才會被激活，並進行分裂和細化。研究人員可以操縱這些細胞變成特定的細胞種類，用作培育新組織及器官。

成體幹細胞是從哪裏來的？

目前尚在研究中。但有一種理論是當機體發育成熟後，在某些組織中也會存在胚胎幹細胞。

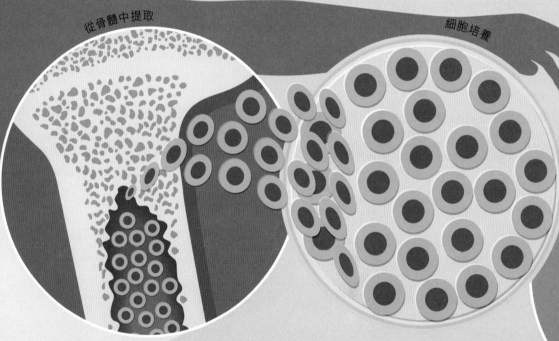

從骨髓中提取　　　　　　　　　　　　　　　　細胞培養

1 收集
　　幹細胞治療有助於修復因心臟病受損的心臟組織。進行幹細胞治療時，由於幹細胞更集中在骨髓中，因此可從中提取少量幹細胞。

2 培養
　　首先對幹細胞樣本進行過濾，以去除非幹細胞成分，隨後將純化的幹細胞送往可鑒定幹細胞的實驗室，由該實驗室對幹細胞進行培養、繁殖及細化。

幹細胞

　　幹細胞的特殊之處在於它可以細分成很多種不同類型的細胞。幹細胞是身體修復機制的基礎，在修復體內損傷時發揮潛在作用。

成體或胚胎幹細胞

　　胚胎幹細胞可以發育成為任意類型的細胞，但有關它們的研究尚存在爭議，因為胚胎是利用供體的卵子和精子產生的，培養胚胎的特殊目的僅僅是為了獲取細胞。成體幹細胞因為可以變為更多類型的細胞而成了研究焦點。

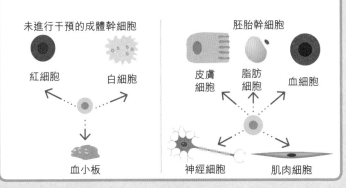

未進行干預的成體幹細胞

紅細胞　　白細胞

血小板

胚胎幹細胞

皮膚細胞　脂肪細胞　血細胞

神經細胞　肌肉細胞

組織工程學的應用

　　研究人員發現，用於幹細胞生長的支持基質（支架）的物理結構，對幹細胞生長和細化的方式至關重要。

1 成形
　　為了修復眼睛的角膜，從健康組織（未受影響的眼角膜）中提取幹細胞，並讓其在圓頂網格上生長。

幹細胞　　網格

2 移植
　　眼角膜上的受損細胞被清除，並被網格所替代。幾週後，網格溶解，僅留下保存病人視力的移植細胞。

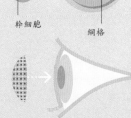

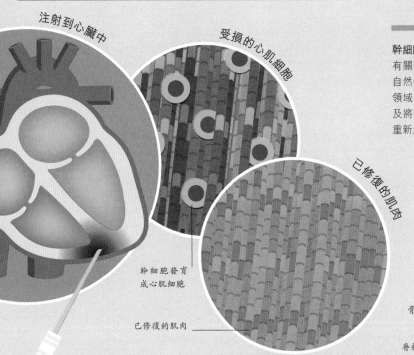

注射到心臟中

受損的心肌細胞

已修復的肌肉

幹細胞發育成心肌細胞

已修復的肌肉

3 注射
　　將幹細胞注入受損的心肌細胞中，使其與受損的肌纖維結合，並長成新生組織。

4 修復
　　幾週後，受損的心肌恢復正常。這個過程也減少了瘢痕的產生，以避免心臟運動受限。

幹細胞的潛在用途

有關幹細胞的研究，使得我們對胚胎發育及身體的自然修復機制有了比較清晰的認識。在幹細胞研究領域中，最活躍的是用幹細胞來培植替代器官，以及將斷開的脊髓重新連接起來，使癱瘓的病人可以重新走路。

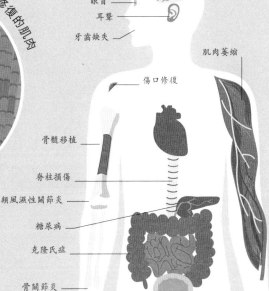

眼盲

耳聾

牙齒缺失

肌肉萎縮

傷口修復

骨髓移植

脊柱損傷

類風濕性關節炎

糖尿病

克隆氏症

骨關節炎

環境刺激

身體的每個細胞每天都會接觸可能對 DNA 造成損傷的化學物質及能量。紫外線輻射 (UV)、環境毒素，甚至是人體自己的細胞所產生的化學物質，都會引起 DNA 的變化，影響 DNA 的工作方式，包括它如何複製或是如何產生蛋白質。如果這種損傷造成 DNA 的持續變化，則會導致基因突變。

 每一天，每個細胞中被清除及被替代的鹼基數目為 2 萬。

是否每一次損傷都可以被修復？

隨着年齡的增長，人體修復受損 DNA 的能力也會下降。此時，各種損傷開始增加，這也被認為是老化的主要原因之一。

鏈內交聯可使雙螺旋結構解開，從而阻止基因複製

DNA 雙鏈斷裂是由輻射、化學物質或氧自由基引起的。不正確的修復會引起 DNA 重排，從而導致疾病

環境污染或煙霧中的化學有毒物質結合到鹼基上，引起基因突變，並可能進一步引發腫瘤

DNA 單鏈的斷裂可導致某個鹼基缺失，並在 DNA 自我複製時引起錯配

當化學物質改變了鹼基分子的結構，則會引起鹼基分子的畸形變化，可導致鹼基錯配

當 DNA 發生錯誤的時候

每一天，細胞中的 DNA 都會受到損傷。這種損傷可能是自然過程造成的，也可能來自環境因素的影響。這些損傷可以影響 DNA 的複製或是某個基因發揮作用的方式。如果這些損傷不能被及時或正確地修復，則可能導致疾病。

應激狀態

在應激狀態下，會出現 DNA 單鏈。但是，某些類型的 DNA 損傷有其好處。某些化學藥物最初的設計就是用來引起癌細胞中 DNA 的損傷。例如順鉑（一種抗癌藥物）可使 DNA 發生交聯，從而導致癌細胞死亡。但其同時也會造成正常細胞的損傷。

同一鹼基之間的鏈間交聯可阻止 DNA 的複製，因為其阻斷了 DNA 雙鏈解開

在 DNA 複製的過程中，當一個多餘的鹼基被插入或直接跳過某個鹼基時，則會發生鹼基的錯配

鹼基的插入或缺失意味着在 DNA 複製、轉錄和翻譯時，會產生錯誤的蛋白質

基因治療

DNA 的損傷引起基因突變，使該基因不能正常運作並引發疾病。雖然藥物可對該疾病進行對症治療，卻無法解決其背後的基因學問題。基因治療便是探索修復缺陷基因的一種嘗試。

修復 DNA

細胞有一套內置安全系統幫助其識別和修復 DNA 損傷。這些系統總是在激活狀態，而且如果它們不能快速修復這些損傷，就會暫時中止細胞的生命週期，即細胞暫時停止分裂，以獲取更多時間來修復損傷的 DNA。如果這種損傷是不可修復的，那麼它們便會啟動細胞的死亡過程（參見第 15 頁）。

1 收集病人體內含有受損基因的細胞。

2 使病毒失能，從而不能繁殖。

3 將已修復的健康基因插入病毒中。

4 經過基因整合的病毒與病人的細胞混合在一起。

5 帶有健康基因的病毒插入細胞的 DNA 中。

6 將經過基因整合的細胞注入病人體內。

7 該細胞現在可以產生正確的蛋白質。

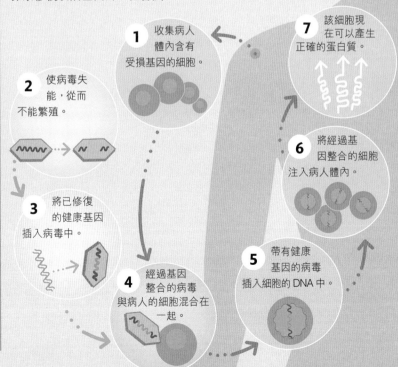

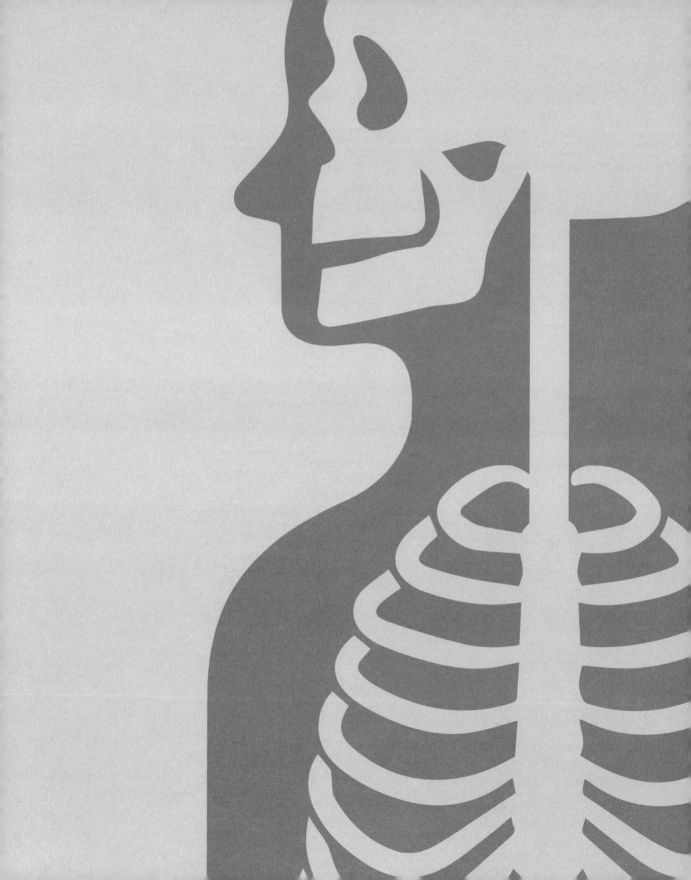

人體是
一個整體

皮膚的深度

皮膚是人體最大的器官。它可以保護人體免受物理損傷、脫水、體內水分過多和感染，同時還能調節體溫、製造維他命 D，並擁有一系列特殊的神經末梢（參見第 74 ～ 75 頁）。

保持涼爽和溫暖

人類已經適應了熱帶地區的高溫、北極的寒冷以及介於兩者之間的溫帶氣候。儘管人已經失去大部分體毛並依靠衣服來保暖，但即使是身體上的細毛，也可以調控體溫。當天氣炎熱的時候，人類會通過流汗來保持相對的涼爽，所以必須大量飲水以補充隨汗液流失的水分。

天氣炎熱時的皮膚

皮膚中的 300 萬汗腺每天可分泌 1 公升（1³/₄品脫）汗液，或在極端炎熱天氣下，每天分泌高達 10 公升（16 品脫）汗液。汗液的蒸發可將熱量從體內帶走。血管周圍的環狀肌肉也有助於將血液轉移到皮膚，從而使身體內部的熱量散發出來。

天氣寒冷時的皮膚

當天氣寒冷時，皮膚進入保暖模式。細小的肌肉使體毛豎起，使熱量靠近皮膚。同時，毛細血管網中的肌肉收縮，阻止溫暖的血液流入表層皮膚。

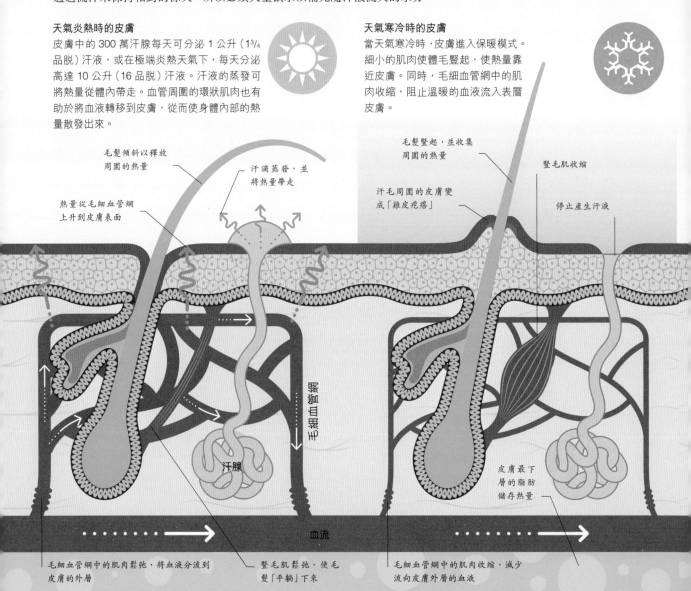

毛髮傾斜以釋放周圍的熱量

汗滴蒸發，並將熱量帶走

熱量從毛細血管網上升到皮膚表面

毛髮豎起，並收集周圍的熱量

豎毛肌收縮

汗毛周圍的皮膚變成「雞皮疙瘩」

停止產生汗液

毛細血管網

汗腺

皮膚最下層的脂肪儲存熱量

血流

毛細血管網中的肌肉鬆弛，將血液分流到皮膚的外層

豎毛肌鬆弛，使毛髮「平躺」下來

毛細血管網中的肌肉收縮，減少流向皮膚外層的血液

防禦屏障

皮膚共分為三層,每一層都對人的生存起着至關重要的作用。皮膚上層稱為表皮,是一個不斷再生的防禦系統(參見第 32 ～ 33 頁),其根部位於中間層,稱為真皮。最後一層是皮下組織,也就是一層脂肪墊,可使人體保持溫暖、保護骨骼以及確保證能量的供應(參見第 158 ～ 159 頁)。

成人的**皮膚面積**平均為
2 平方米(21 平方英尺)。

微生物(細菌)　皮脂

抗菌油
腺體分泌一種被稱為皮脂的油脂進入毛囊,以養護毛髮和使皮膚防水。皮脂還可以抑制細菌和真菌的生長。

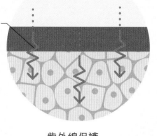

紫外線

紫外線保護
皮膚可在紫外線的幫助下合成維他命 D,但是紫外線過多又會引起皮膚癌。而一種被稱為黑色素的皮膚色素則可以使兩者達到平衡(參見第 32 ～ 33 頁)。

雞皮疙瘩真的可以禦寒嗎?
雞皮疙瘩確實可以幫助人體在寒冷天氣中保存熱量。但是,它們的作用可能在幾百萬年前更明顯,因為那時候人類的體表覆有較厚的毛髮。當毛髮豎起來的時候,毛髮越厚,收集的熱量就越多。

持續再生的
表皮細胞

皮脂腺腺體
分泌皮脂

尼古丁貼劑(戒煙貼)　

表皮層

尼古丁到達血流　

皮膚的多種神經末梢之一(參見第 74 ～ 75 頁)

真皮層

毛幹

使物質通過
雖然皮膚是一道屏障,但它也具有選擇性滲透作用,可讓藥物如尼古丁和嗎啡從皮膚表面的貼片中滲入血液。各種霜,如防曬霜、保濕霜和抑菌霜也可以穿過該道屏障。

毛球

表皮一直延伸至毛球下方

皮下組織

外部屏障

皮膚將身體與外界隔開，也是清除異物、吸收有用物質的界線。該防禦系統的主要特點是含有自我更新的外層，和保護身體免受紫外線傷害的黑色素。

人的指紋真的是獨一無二的嗎？

每個人手指的捲曲、環和漩渦都是獨一無二的，且在受傷後仍會按照原來的方式生長。這個事實可為警察執行偵查工作提供方便。

自我更新外層

表皮是細胞的傳送帶，細胞不斷在基底層形成，並向上逐步移動到表面。細胞在移動過程中，會失去細胞核，變得扁平，並由一種被稱為角蛋白的堅韌蛋白質填充，從而形成保護性的外層。該層不斷受到磨損，被新的、上移的細胞取代。每個細胞在到達體表時死亡，然後這些死細胞脱落，形成房間裏的灰塵。

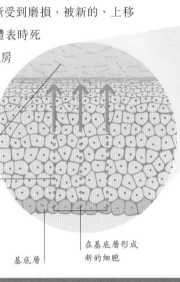

死細胞脱落

細胞移至表皮

透明的屏障

因為表皮層的細胞會不斷脱落，因此必須將紋身紋在表皮下方的真皮層。幸運的是，因為表皮層是透明的，即使紋在真皮層，也可以通過表皮層看到紋身。

基底層

在基底層形成新的細胞

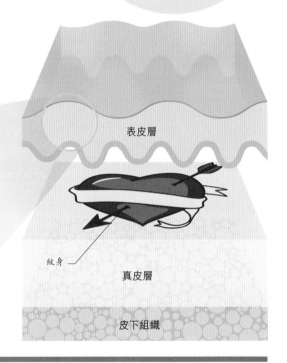

表皮層

紋身

真皮層

皮下組織

支架

表皮下面是一層厚厚的真皮，真皮賦予皮膚以強度和柔韌性。真皮層含有皮膚的神經末梢、汗腺、皮脂腺、髮根及血管。真皮層主要由膠原蛋白和彈性蛋白纖維組成。這些膠原蛋白和彈性纖維蛋白可形成支架，支撐皮膚在壓力下的拉伸和收縮。

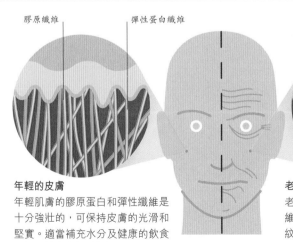

膠原纖維　　　彈性蛋白纖維　　　　　　皺紋　　虛弱的纖維

年輕的皮膚

年輕肌膚的膠原蛋白和彈性纖維是十分強壯的，可保持皮膚的光滑和堅實。適當補充水分及健康的飲食習慣可使皮膚保持年輕。

老化的皮膚

老化肌膚的膠原蛋白和彈性纖維較虛弱，使得皮膚表面形成皺紋。吸煙、日照過多及飲食不良可加速肌膚的老化。

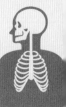

皮膚的顏色

　　在皮膚的多種功能中，其中一個便是通過收集陽光中的紫外線來產生維他命 D。然而，紫外線同時也是十分危險的（可引發皮膚癌），我們也需要一定的保護從而免受其害。皮膚產生的一種被稱為黑色素的色素，便可以充當這種保護層，並決定了皮膚的顏色。

雀斑是由**黑色素聚集**產生的。

深色皮膚

在赤道，光線幾乎是垂直照射在地球上，因此，赤道上的光線極強。這意味着生活在赤道周圍的人們需要極大程度的保護，以免受紫外線的侵害。因此，皮膚就會產生大量的黑色素，使得那裏的人們擁有深色皮膚。

2 樹突
黑色素細胞具有手指狀的延伸，被稱為樹突。每一個樹突可以與大約 35 個鄰近細胞連接在一起。

1 黑色素細胞
黑色素是由一種被稱為黑色素細胞的特殊細胞產生的。這些細胞埋在表皮的基底層。

樹突

黑色素細胞

強烈的紫外線

5 遮蔽紫外線
黑素體分裂，並在皮膚上擴散黑色素。這樣便形成了紫外線的保護層。

4 吸收
鄰近皮膚細胞吸收黑素體。

3 黑素體
黑色素沿着黑素體的樹突移動。

黑素體

基底層

淺色皮膚

在地球的南北兩邊，太陽光照到地球的角度逐漸變小。光線角度越小，則強度越小，因此，所需要的保護就越少。於是，生活在這些區域的人們的皮膚就只產生少量的黑色素，從而導致他們的皮膚顏色較淺。

輕微的紫外線

1 黑色素細胞
在淺色皮膚中，黑色素細胞活性較低，且樹突較少。

樹突

3 更薄弱的保護層
薄弱的保護層已足夠對抗少量的紫外線。

2 蒼白黑素體
黑素體較蒼白，且僅被少量的周圍細胞佔用。

黑色素細胞

黑素體

頭髮和指甲

頭髮和指甲都是由一種叫做角蛋白的硬性纖維蛋白組成的。指甲可強健及保護人類的手指和腳趾，而頭髮能減少身體的熱量流失，幫助人體保持溫暖。

毛髮的顏色、厚度及捲曲度

每根毛髮都是由海綿芯（髓質）和韌性蛋白中間層（皮質）組成的，使頭髮捲曲和富有彈性。鱗狀細胞外層（角質層）可反射光，因此頭髮看起來有光澤。但是如果角質層受損，頭髮就會缺乏光澤。毛髮的顏色、捲曲度、厚度和長度取決於毛囊的大小和形狀（毛囊是頭髮長出來的地方），以及它們產生的色素類型。

粗、直、紅色的頭髮
淺色和深色黑色素的混合物可產生金色、赤褐色或紅色頭髮。毛囊如果較大、較圓，則其長出的頭髮也就較厚。頭髮厚度同時還取決於活性毛囊的數目。紅色頭髮的毛囊相對較少。

大量褐黑素

少量真黑素

纖細、筆直、金黃色的頭髮
毛囊基底部的細胞通過其根部來為毛髮提供黑色素。金黃色頭髮中，僅在其軸心（髓質）存在一種淺色黑色素。小圓型毛囊可產生筆直的、纖細的頭髮。

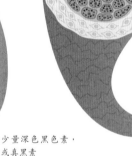

髓質

角質層

淺色黑色素，或褐黑素

皮質

鱗狀外層

少量深色黑色素，或真黑素

為甚麼毛髮長短不一？

頭部毛髮可以生長幾年，但在身體其他部位的毛髮只能生長數週或數月。這也就是體毛較短的原因，它們通常在長得很長之前就掉下來了。

毛髮的生長

每個毛囊在其生命期間會經歷大約 25 個週期的毛發生長。每一個週期都有一個生長階段，在這個階段毛髮增長，接着進入休息期。在這個階段，頭髮的長度不變，開始鬆動，然後脫落。休息期過後，毛囊重新激活，並開始產生一根新的頭髮。

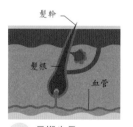

髮幹

髮根

血管

1 早期生長
毛囊激活，在髮根內產生新的細胞。隨後這些細胞死亡，並被推向上方以形成髮幹。

延長的髮幹

2 晚期生長
髮幹可在 2～6 年的週期內延長。生長週期越長（常見於女性）則頭髮長度越長。

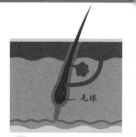

毛球

3 休息期
當毛球從根部拉開時，毛囊縮小，頭髮停止生長。這個過程通常需要3～6週。

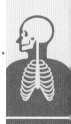

粗、捲曲、黑色的頭髮

黑色頭髮在皮質及髓質內均含有黑色素，使得頭髮的顏色看起來很深。波浪狀的頭髮是從橢圓形的毛囊長出來的。毛囊越扁平，頭髮越捲曲。

較密的真黑素

氣腔

極少的真黑素

捲曲和灰色

當產生黑色素的酶活性下降時，頭髮就開始變得灰白。沒有黑色素的頭髮是雪白的，而有少量黑色素的頭髮則呈灰色。

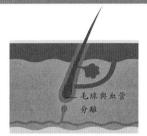

4　分離
　　疏鬆的頭髮自然脫落或是在梳理頭髮的時候掉下來。有時一根新生頭髮也可能「擠掉」那根疏鬆的頭髮。

毛球與血管分離

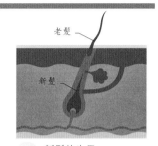

老髮

新髮

5　新髮的生長
　　毛囊開始進入新的週期。隨着年齡越來越大，再度活化的毛囊會越來越少，所以頭髮就變得越來越薄，越來越少，甚至會出現禿頭。

指甲

　　指甲是由透明的角蛋白組成的。它們充當穩定柔軟指尖的夾板，幫助手指抓握小物體。指甲還可使指尖的整體敏感度更強。但是，由於指甲有一部分伸出了指尖，因此很容易受到損傷。

基質 (生長的區域)

指甲　　外皮

甲床

骨頭

脂肪

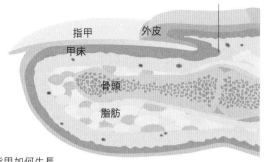

指甲如何生長

指甲生長區域的基底部和兩側均有被稱為外皮的皮膚褶皺保護。甲床的細胞是人體中最活躍的細胞之一，它們總是在進行分裂，使得指甲每個月就能長 5 毫米 ($1/5$ 英寸)。

4 個月前的不良飲食導致指甲上出現一個蒼白的斑塊，稱為白甲症，主要是由於缺乏蛋白質導致的

5 ～ 6 個月前出現細小血管裂片狀出血，可能是心臟感染所致

2 個月前的一次重病引起指甲上出現一條橫溝，稱為博氏線

1 個月前的一次創傷引起指甲下出血

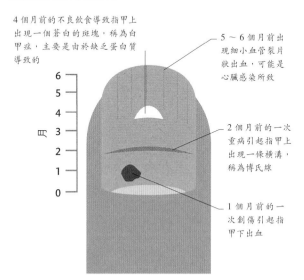

指甲的日記

由於指甲是非必需的結構，所以在匱乏時血液和營養物質可從甲床轉移到更重要的部位。因此，指甲是身體狀況及飲食是否良好的預測因子。醫生在看病時僅需快速瞥一眼病人的手，就可從指甲的外觀看出一系列病症。

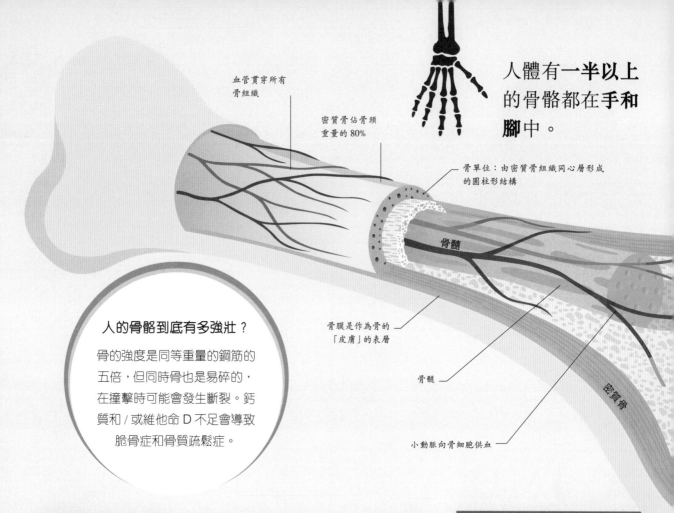

人體有一半以上的骨骼都在**手和腳**中。

血管貫穿所有骨組織

密質骨佔骨頭重量的 80%

骨單位：由密質骨組織同心層形成的圓柱形結構

骨髓

骨膜是作為骨的「皮膚」的表層

骨髓

小動脈向骨細胞供血

密質骨

人的骨骼到底有多強壯？

骨的強度是同等重量的鋼筋的五倍，但同時骨也是易碎的，在撞擊時可能會發生斷裂。鈣質和／或維他命 D 不足會導致脆骨症和骨質疏鬆症。

身體的支柱

　　骨架就像一個掛着身體的衣架。除了向身體提供支撐及賦予其形狀外，骨骼還對人體起到保護作用，並通過其與肌肉之間的相互作用，使身體可以自由移動，擺出不同的姿勢。

活組織

　　骨是一種由膠原蛋白纖維組成的活組織，含有礦物質（鈣和磷酸鹽），使得它比較堅硬。骨中所含的鈣佔人體總鈣量的 99%。骨細胞不斷用新的骨組織代替舊的、老化的骨。骨中的血管為這些細胞提供氧氣和養分。密質骨的外殼由表層的骨膜覆蓋，使其具有強度。而其下方是海綿狀的支柱網絡，減輕了骨骼的整體重量。在某些骨（包括肋骨、胸骨、肩胛骨和盆骨）中，還含有骨髓。骨髓有特殊的功能，可產生新的血細胞。

最小的骨

　　中耳的鐙骨是最小的有名字的骨。而在人體的長肌腱的受壓部位，也有一些小的籽骨（因其像芝麻的種子而命名），其作用是防止肌腱的磨損。

實物大小

鐙骨（聽小骨）

骨骼如何安裝在一起

人體的骨骼可分為兩部分。中軸骨由顱骨、脊柱和肋骨組成，可保護內部器官和中樞神經系統。附肢骨骼包括上肢骨和下肢骨，以及肩胛骨和盆骨，這些骨均與中軸骨相連接，可帶動肌肉在意識支配下運動。

活骨內部
密質骨是由骨小管（骨單位）組成的。鬆質骨具有蜂窩狀結構，具有一定強度，但重量較輕。

鬆質骨

重量較輕的鬆質骨

肘部，又稱麻筋兒，因為敲擊它時可刺激尺神經，從而產生觸電的感覺

顱骨保護大腦

頭顱

下頜骨

肩胛骨

肱骨

橈骨

尺骨

肋骨

脊柱

腕骨

盆骨

股骨也稱大腿骨，是人體最長的骨頭，約佔成人身高的 1/4

股骨

腓骨，有助於穩定踝關節

脛骨（小腿骨）

腓骨

跟骨固定跟腱

跟骨

足部韌帶

緊縮有力的韌帶

骨頭

自然的足部韌帶
骨頭被稱為韌帶的堅韌組織連接在一起。人體中骨頭最多的部位是腳部，共有 26 塊骨頭。100 根以上堅韌且有彈性的韌帶將足骨連接在一起，使其具有靈活性及可抵受衝擊。這些韌帶有足夠的彈性來限制每個關節內骨頭的活動範圍。

活動的骨骼
手臂通過由鎖骨和肩胛骨組成的肩胛帶與脊柱相連接，而雙腿通過盆骨帶與脊柱相連接。盆骨兩側各由三個相互整合在一起的骨頭組成。

生長的骨頭

一個健康新生嬰兒出生時的身長約為 45 ～ 56 厘米（18 ～ 22 英寸）。嬰兒時期，隨着骨骼生長，身體的成長也是最快的。骨的生長速度在兒童期減慢，但在青春期又加快了。人類在大概 18 歲的時候，骨骼停止生長，這時也就達到了成人時的最終身高。

骨頭是如何生長的

身高的增長在長骨末端的特殊生長板上發生。骨的生長受生長激素的控制，而在青春期時性激素會刺激骨的生長加速（參見第 222 ～ 223 頁）。軟骨的生長板在成年後融合，此後身高便不再增加。

新生嬰兒體重

新生嬰兒體重平均為 2.5 ～ 4.3 公斤（5.5 ～ 9.5 磅）。新生嬰兒在出生後的前幾天都會經歷體重下降，但是到第 10 天，多數新生嬰兒體重都會恢復並每天增加約 28 克（1 盎司）。

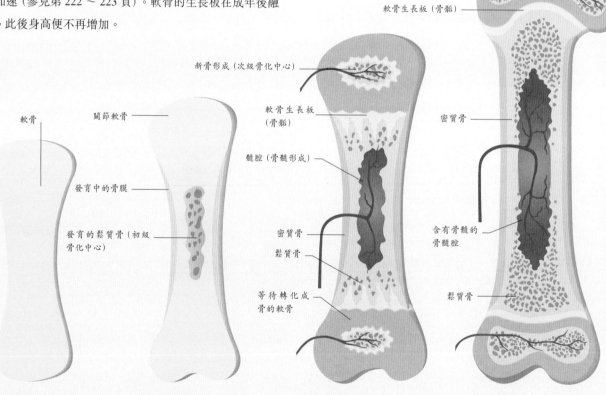

關節軟骨

軟骨生長板（骨骺）

新骨形成（次級骨化中心）

軟骨生長板（骨骺）

髓腔（骨髓形成）

密質骨

鬆質骨

等待轉化成骨的軟骨

軟骨

關節軟骨

發育中的骨膜

發育的鬆質骨（初級骨化中心）

密質骨

含有骨髓的骨髓腔

鬆質骨

1 胚胎
骨骼最初是由柔軟的軟骨形成的，軟骨上有礦物質的沉積，對人體起着支撐作用。當胎兒在子宮中發育 2 ～ 3 個月時，便開始形成硬化的骨骼。

2 新生嬰兒
新生嬰兒的骨仍然主要由軟骨構成，但已有了骨形成的活性部位（骨化）。首先發育的是位於骨幹的初級骨化中心，其次發育的則是位於骨兩端的骨化中心。

3 兒童
在兒童期，多數骨幹由硬化的密質骨和鬆質骨組成。骨幹兩端的生長板（骨骺）使骨延長。此時的骨骼仍然較柔軟，在被撞擊時可形成青枝骨折。

4 青少年
在青春期，性激素的分泌上升可引起生長激增。當新生骨長在軟骨生長板（骨骺）上則導致骨幹延長，進而使青少年身高增長。

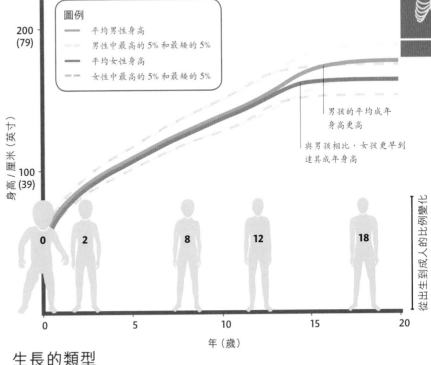

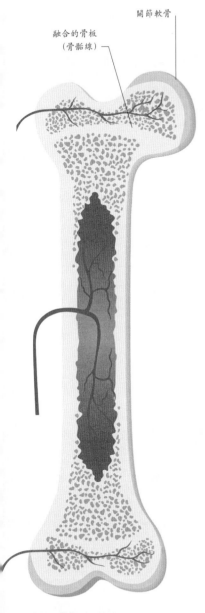

關節軟骨

融合的骨板
（骨骺線）

圖例

—— 平均男性身高

···· 男性中最高的 5% 和最矮的 5%

—— 平均女性身高

--- 女性中最高的 5% 和最矮的 5%

男孩的平均成年
身高更高

與男孩相比，女孩更早到
達其成年身高

身高/厘米（英寸）

200
(79)

100
(39)

0 2 8 12 18

0 5 10 15 20

年（歲）

從出生到成人的比例變化

生長的類型

　　嬰兒的頭圍是其全身總長的 1/4。而身高頭圍相對生長的變化使得嬰兒在 2 歲時，頭圍只佔其身長的 1/6。到成人，頭圍只有身長的 1/8。女孩比男孩更早進入青春期，並在大約 16 ～ 17 歲到達其最終身高，而男孩直到 19 ～ 21 歲才會到達其最終身高。

如何計算你的最終身高

　　假設父母都是正常身高，那麼孩子的可能身高可按如下辦法計算。將父親的身高與母親的身高相加；如果是男孩，那麼首先在父母身高之和的基礎上再加 13 厘米（5 英寸）；如果是女孩，則減去 13 厘米（5 英寸）；再將該數字除以 2。絕大多數孩子最終的身高都在該估計值上下，波動不超過 10 厘米（4 英寸）。

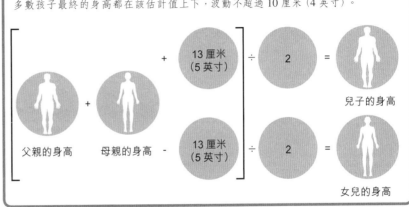

父親的身高　＋　母親的身高　＋　13 厘米（5 英寸）　÷　2　＝　兒子的身高

　　　　　　　　　　　　－　13 厘米（5 英寸）　÷　2　＝　女兒的身高

5　成人

　　青春期過後，軟骨生長板就轉變成了骨（鈣化）並相互融合，隨後形成一個堅硬區域，稱為骨骺線。在這個時期，骨的寬度仍可增加，但長度不再增加。

靈活性

關節容許人們進行不同的肢體運動並靈活操控各種物體。肢體運動可以是幅度比較小且受到控制的，如用筆寫字；也可以是幅度比較大且用力的，如擲球。

關節結構

兩根骨頭緊密相連便形成了關節。有些關節是固定的，可將骨鎖定在一起，比如成人顱骨的骨縫。有些關節的運動範圍有限，如肘關節，而其他關節則可以更自由地運動，如肩關節。

橢圓關節

在該類型關節中，圓形或凸形末端的骨嵌合入具有中空或凹形的骨中。這些關節允許身體進行包括側向傾斜在內的多種運動，但不能旋轉。

球窩關節

該類型關節位於肩部及臀部，其運動範圍是最寬的，可允許肢體旋轉。肩關節是人體最靈活的關節。

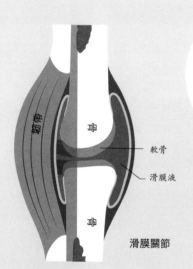

韌帶

骨

軟骨

滑膜液

骨

滑膜關節

關節內部

骨的末端為由光滑的軟骨包裹的可移動關節，內有滑膜液，以減少摩擦。這些滑膜關節由結締組織連接起來，稱為韌帶。一些關節，如膝關節，內部有起穩定作用的韌帶，來阻止骨頭在膝蓋彎曲時滑動。

滑車關節

該類型關節可允許一根骨頭在同一平面上的任何方向滑動。滑車關節可允許椎骨在背部彎曲時滑動。同時，在足部及手部也有滑車關節存在。

關節的類型

　　儘管人體作為一個整體，可進行多種複雜的運動，但每一個關節的運動範圍卻比較有限。有些關節的運動極其有限，這樣，它們便能起到減震作用，比如小腿中兩根長骨（脛骨和腓骨）的相交處或是足部的一些關節。下頜骨和顳骨兩側的顳下頜關節（參見第 44 ～ 45 頁）是比較罕見的，因為它們每一個都包含一個軟骨盤，可允許下頜骨在咀嚼和研磨食物的過程中從一側向另一側滑動，並可向前和向後運動。

人體中最小的關節位於**中耳的三根小骨**之間，這三根小骨協助將**聲波傳導**至**內耳**。

鞍狀關節

該類型關節只存在於拇指底部，其作用與橢圓關節相似，但範圍更廣，可進行包括圓周運動的一些動作，但不能旋轉。

車軸關節

該類型關節可使一個骨頭繞着另一個骨頭旋轉，例如移動前臂以扭轉手掌並使其向上或向下的運動。頸部的車軸關節讓頭部可以兩邊轉動。

平面關節

該類型關節允許骨骼在同一層面運動，類似開門和關門的動作。上佳的例子是肘部和膝部關節。

擁有雙關節的人

　　據說，擁有雙關節的人的關節數目與普通人相同，但其關節的運動範圍比普通人更寬。這種特徵通常是由於遺傳了彈性異常的韌帶，或編碼產生了較弱類型膠原（在韌帶和其他結締組織中發現的蛋白質）的基因所導致的。

咬合和咀嚼

人類使勁吞下大塊食物，用牙齒把其咬碎便是消化的第一步。牙齒在説話的時候也起到一定的作用，例如，沒有牙齒通常很難發出 "tutt" 的聲音。

從嬰兒到成人

新生嬰兒已經具備完整的牙齒，以小芽的狀態置於下頜骨內。第一顆乳齒很小，以適應嬰兒的小嘴。這些牙齒在兒童時期隨着嘴巴長大而脱落，為恆齒留出空間。

6 ~ 12 個月
10 ~ 19 個月
16 ~ 23 個月
9 ~ 18 個月
23 ~ 33 個月

乳齒

乳齒萌出

在嬰兒 6 個月到 3 歲期間，通常 20 顆乳齒依次出現，有少數嬰兒第一顆乳齒直到 1 歲時才出現。

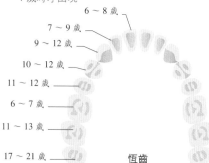

6 ~ 8 歲
7 ~ 9 歲
9 ~ 12 歲
10 ~ 12 歲
11 ~ 12 歲
6 ~ 7 歲
11 ~ 13 歲
17 ~ 21 歲

恆齒

恆齒萌出

在 6 歲至 20 歲期間，32 顆恆齒依次出現，並將陪伴人的一生——即使是活到 100 歲。

與**指紋**一樣，每個人的**咬痕**也是**獨一無二的**。

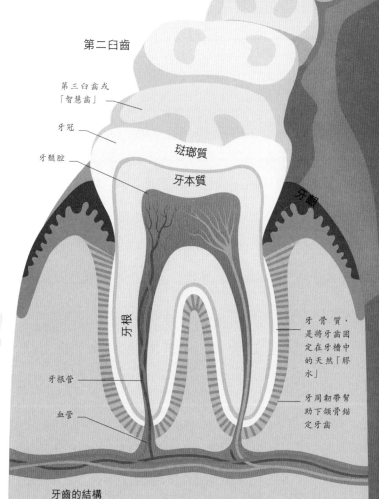

第二門牙
第一門牙
犬齒
第一前白齒
第二前白齒
第一白齒

第二白齒

第三白齒或「智慧齒」

牙冠

牙髓腔

琺瑯質

牙本質

牙齦

牙根

牙根管

血管

牙骨質，是將牙齒固定在牙槽中的天然「膠水」

牙周韌帶幫助下頜骨錨定牙齒

牙齒的結構

每顆牙齒都有牙冠，牙冠位於牙齦上方，其表面有堅硬的琺瑯質。這樣可保護較軟的牙本質形成牙根。中央齒髓腔含有血管和神經。

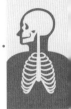

第一門牙

第二門牙

犬齒

甚麼是智慧齒？

最後一組臼齒通常在 17 歲到 25 歲出現。人們將其稱作智慧齒，或許因為它們總是過了兒童時期之後才出現。

感染

　　琺瑯質是身體中最硬的物質，但易溶於酸，從而使牙齒的下部暴露於細菌和感染。酸來自一些食物、果汁和汽水，或者來自可將糖分解成乳酸的牙齒菌斑。

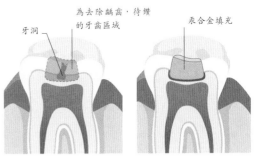

龋齒（蛀牙）　　　　　填充後的牙齒

腐蝕和填充
當堅硬的琺瑯質溶解時，其下方柔軟的牙本質會受到感染。當上方的琺瑯質坍塌時，便形成空洞。

不同類型的牙齒

　　牙齒根據其不同用途具有不同的形狀和大小。鋒利的門牙咬碎食物，犬齒可撕裂食物，臼齒和前臼齒有扁平的脊狀表面，可咀嚼食物並將其研磨成小塊。

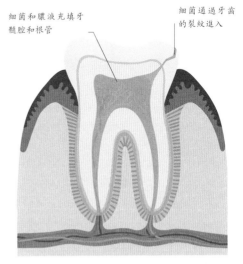

牙膿腫

膿腫
如果細菌到達牙髓腔，便會在免疫系統難以到達的地方引起感染，並導致膿腫擴散至下頜骨。

你磨牙嗎？

　　每 12 個人中就有一個人在睡覺時磨牙，而每五個人中有一個在清醒的時候咬緊牙關。這被稱為磨牙症，會削弱牙齒的力量。如果你的牙齒看起來比較殘舊、扁平、或是有缺口、越來越敏感，或者醒來之後下巴疼痛、顎肌緊繃、耳朵疼痛，或隱隱頭痛（尤其是當你還咬了臉頰內側時），那麼，你可能有磨牙症。磨損的牙齒可以用牙冠重塑。

扁平的牙齒

治療後

臼齒

當用牙齒切割和磨碎食物時，強健的肌肉驅動下顎，產生相當大的力量。下顎之所以能承受這麼大的力量，是因為它是人體內最堅硬的骨頭。

人是如何咀嚼的

咀嚼是一項複雜的運動，其中顳肌和咬肌控制着下頜關節進行來回、上下和左右運動，就像杵和臼一樣在臼齒之間將食物磨碎。靈活的下頜關節使人類能根據自己攝入食物的種類，輕鬆地進行各類咀嚼運動。

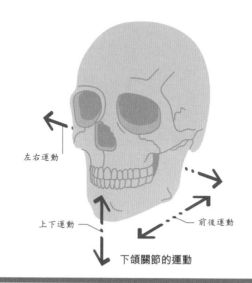

左右運動

上下運動

前後運動

下頜關節的運動

吃樹葉的時候

從前，原始祖先的頭骨較小，食物也不易咀嚼（就像今天的大猩猩一樣）。那時候，他們的頭骨上有一個高高的矢狀嵴固定着充滿力量的顎肌，其作用類似於一隻飛鳥體內固定着巨大飛行肌的胸骨。

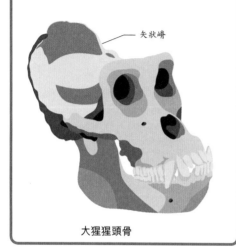

矢狀嵴

大猩猩頭骨

下頜骨是如何工作的

下頜骨和顳骨之間的兩個顳下頜關節各包含一個軟骨盤，擁有比其他平面關節（如肘關節和膝關節）更大的運動範圍。這個軟骨盤可以允許下頜骨在說話、咀嚼或打呵欠時進行左右和前後運動。

是甚麼導致下巴脫臼？

咀嚼的時候，下頜骨與顴弓咬合。如果軟骨的保護盤向前移位，就會導致下巴脫臼。

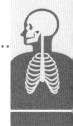

咀嚼肌腱附着於顱骨上，肌腱的膠原纖維有數百條延伸，貫穿骨骼並固定肌肉

顳肌在顳骨側面形成薄片

咬肌在**咬合**過程中能施加的力量達 **442** 公斤 (**975** 磅)。

顱骨

顳肌腱

顳肌

咀嚼肌附着在顳骨的前部和後部

顳下頜關節中的軟骨盤

軟骨盤

顴弓

下頜骨髁突位於下頜窩內

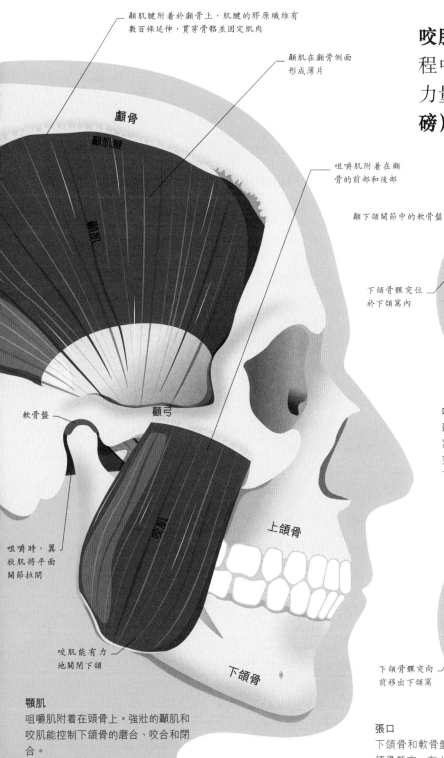

咀嚼時，翼狀肌將平面關節拉開

咬肌

上頜骨

咬肌能有力地關閉下頜

下頜骨

顎肌

咀嚼肌附着在頭骨上。強壯的顳肌和咬肌能控制下頜骨的磨合、咬合和閉合。

嘴巴關閉

顳下頜關節內的軟骨盤位於顳骨中的一個窩中，並圍繞下頜骨上的一個旋鈕，稱為髁突。軟骨盤可保護關節，並防止在咀嚼時下頜骨撞擊顳骨。

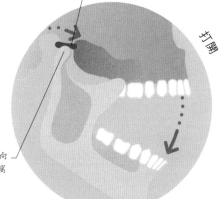

軟骨盤向前滑動

下頜骨髁突向前移出下頜窩

張口

下頜骨和軟骨盤都可以從它們的「窩」中向前移動，使下頜骨懸空。在上排牙齒和下排牙齒之間，可以容納三根手指的寬度。

皮膚損傷

皮膚的損傷，無論只是表面擦傷，還是位於更深層的皮膚區域，都可能導致體內的感染。因此，一旦發生皮膚損傷，應儘快使其癒合，以預防感染擴散。

傷口癒合

當皮膚受損時，首要步驟是防止傷口出血，或阻止燒傷（水皰）時液體的流失。一些傷口需要醫療護理，如用縫合線、黏條或組織膠將其封閉得更牢固。採用紗布將傷口封閉亦可幫助癒合，並降低感染機會。

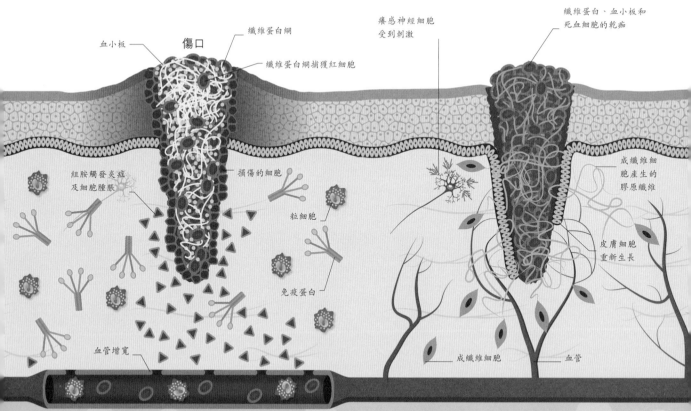

1 血液凝固與炎症

血小板是血細胞的碎片，聚集在一起形成血凝塊。凝血因子形成纖維蛋白絲，使凝塊固定於破損處。粒細胞、其他細胞及免疫蛋白在此形成炎症，以攻擊入侵的微生物。

2 皮膚細胞的繁殖

被稱為生長因子的蛋白將可生成纖維的細胞（成纖維細胞）聚集到傷口處，並在此處形成富含新生血管的肉芽組織。皮膚細胞在傷口的底部及四周繁殖，使傷口癒合。

乾濕癒合

當痂暴露在空氣中時，會變得堅硬，此時，新長出來的皮膚細胞只能在傷口的下方填滿創面，並慢慢溶解掉堅硬的痂。而現代敷料可使傷口保持濕潤，有助於新生的皮膚細胞直接橫跨濕潤的創面。這樣便可以使傷口癒合得更快、疼痛更輕、感染機會更小，並且結的痂也較少。

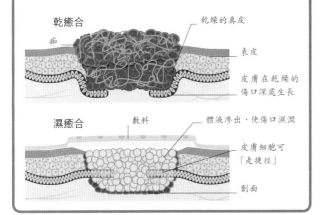

乾癒合　　　　　　　乾燥的真皮
痂
表皮
皮膚在乾燥的傷口深處生長

濕癒合　　　敷料　　　體液滲出，使傷口濕潤
皮膚細胞可「走捷徑」
創面

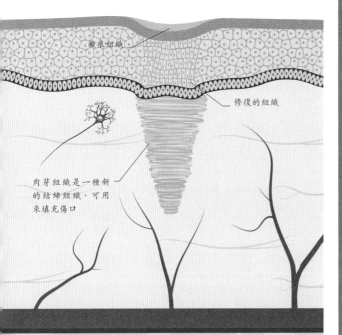

癒痕組織
修復的組織
肉芽組織是一種新的結締組織，可用來填充傷口

3　重塑
表面的皮膚細胞已在受損區域生長完成，並將乾痂變為癒痕組織。結痂的區域逐漸縮小成一片紅色區域，再慢慢變成白色。而肉芽組織則會持續一段時間。

燒傷

當皮膚被加熱到 49℃（120 ℉）以上，就會被破壞，導致燒傷。燒傷也可能是由於接觸化學物質或是電擊造成的。

表皮
真皮
皮下組織

Ⅰ度燒傷
僅有最上層皮膚受傷，導致紅腫和疼痛。死細胞可以在幾天之後剝離。

Ⅱ度燒傷
更深層的細胞被破壞並形成大水泡，此時如果有足夠的活細胞保留，可能會阻止癒痕形成。

Ⅲ度燒傷
皮膚全層燒傷，此時可能需要皮膚移植，也可能形成癒痕。

大水泡

熱力、濕氣和摩擦相結合，導致皮膚各層分離並形成一個由液體填充的水泡，可保護受損的皮膚。在其表面塗上水狀膠水泡膏便可吸收液體，並形成一個減震、無菌的環境，以促進水泡更快地癒合。

水泡

痤瘡

皮脂腺可將油脂（皮脂）釋放到皮膚和毛髮上。當腺體產生過多皮脂時，毛囊會因皮脂和死皮細胞堵塞而形成黑頭。皮膚上的細菌可感染這些黑頭塊，形成斑塊，當其癒合時會形成疤痕。

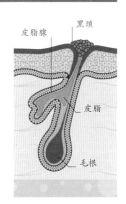

黑頭
皮脂腺
皮脂
毛根

骨折和復位

骨折是指骨斷裂，通常是由意外導致，如摔倒、遭遇交通事故或運動損傷。某些骨折程度較輕，僅形成輕微的凹陷或裂縫，這種骨折癒合得很快。一些嚴重的骨折則可能使骨粉碎成三塊以上。

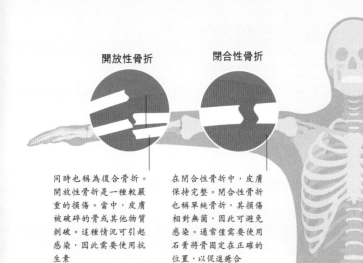

開放性骨折

閉合性骨折

未成熟的骨頭尚未完全礦物化，當彎曲時，骨頭可能在一側裂開，而並不會造成斷裂。這被稱為青枝骨折，常見於小孩從樹上掉下來的情況

青枝骨折

同時也稱為復合骨折。開放性骨折是一種較嚴重的損傷。當中，皮膚被破碎的骨或其他物質刺破。這種情況可引起感染，因此需要使用抗生素

在閉合性骨折中，皮膚保持完整。閉合性骨折也稱單純骨折，其損傷相對無菌，因此可避免感染。通常僅需要使用石膏將骨固定在正確的位置，以促進癒合

螺旋形骨折
螺旋形骨折為環繞長骨骨幹的螺旋狀斷裂，而並非橫向斷裂。這種骨折是由一股扭轉的力造成的，如一個學步兒童在跳躍時伸腳着地。

當一根骨頭碎成三塊或以上的時候，便稱為粉碎性骨折。可能需要通過手術插入一塊鋼板和螺釘來固定鬆散的骨碎片，以促進其穩定癒合

壓縮性損傷可導致骨的兩側斷裂端彼此塌陷並使骨縮短。這種骨折必須採用牽引伸展，也就是溫和、平穩地把骨頭分開

粉碎性骨折

螺旋形骨折

骨折的類型

骨頭可能會被撞擊或破壞，但有時人體受到重複的壓力，如跑馬拉松也可導致骨折。年輕人最常見的骨折部位是肘部和上臂（玩耍時發生損傷），以及下肢（通常在球類運動或其他活動時受到損傷）。老年人的骨骼受到骨質疏鬆的影響（參見第 50 頁），更容易發生骨折的部位是髖部和手腕部。

壓縮性骨折

鼻部的骨頭

用手指捏你的鼻子，你會感覺到鼻樑中的骨頭與鼻尖的軟骨相連。當鼻子破裂時，頂部的骨頭會發生骨折。

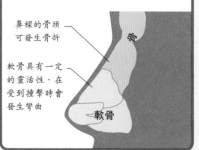

鼻樑的骨頭可發生骨折

軟骨具有一定的靈活性，在受到撞擊時會發生彎曲

軟骨

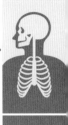

錯位

　　如果支持活動性關節的韌帶發生扭傷，則骨頭可滑出其原本的位置，造成關節錯位。關節錯位最常見的部位是肩關節、指關節和拇指關節。在治療時，醫生將骨頭復位回原位，並採用石膏或懸帶固定好關節，以使韌帶癒合。一些關節，如肩關節，當其韌帶鬆弛的時候，可一次又一次地發生關節錯位。

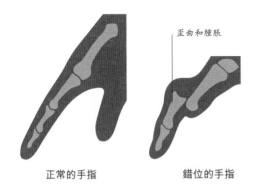

歪曲和腫脹

正常的手指　　　　錯位的手指

關節錯位
當你笨拙地接球時，可能會發生手指關節脫臼。關節脫臼可導致疼痛、腫脹和外觀畸形。一旦脫臼的骨頭重新復位（在照 X 光排除骨折後），手指被拼合在一起，以促進癒合。

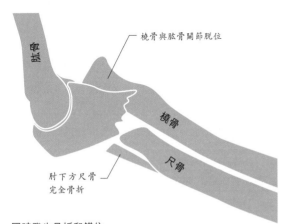

肱骨

橈骨與肱骨關節脫位

橈骨

尺骨

肘下方尺骨
完全骨折

同時發生骨折和錯位
當骨折的部位接近關節時，韌帶可能會垮掉，從而造成骨折和錯位同時發生，常見於肘關節處尺骨骨折及橈骨移位。

癒合

　　與其他任何組織一樣，骨損傷也可以癒合，但由於骨的癒合過程需要礦物質沉積以恢復骨的強度，因此其癒合過程較緩慢。可通過將身體某部位置，於堅硬的鑄件中固定斷裂的骨。如果需要更堅固的支撐，可通過手術插入螺釘或金屬板，以促進骨折的分期癒合。

1　即刻反應
　　骨折部位迅速充滿血液，形成一個大凝塊。受損部位周圍的組織形成瘀傷樣腫脹。該區域會感到疼痛、發炎，一些骨細胞因循環不良而死亡。

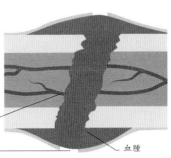

血管破裂

骨膜（骨的「皮膚」）破裂

血腫

2　三天以後
　　毛細血管長入血凝塊，受損組織慢慢被清道夫細胞分解、吸收和清除。接着，有專門的細胞進入該區域並開始鋪設像骨細胞支架一樣的膠原纖維。

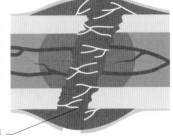

膠原纖維

3　三週後
　　膠原纖維橫跨骨折部位，並相互結合以連接骨斷端。修復過程中形成一種腫脹的、最初由軟骨形成的癒合組織，稱為硬結。但是這種軟骨的支持比較虛弱，如果過早移動，則可能發生三次骨折。

硬結

4　三月後
　　修復組織內的軟骨在骨折的外邊緣被鬆質骨和密質骨替代。在骨折癒合的過程中，骨細胞重塑骨骼，並去除掉多餘的硬結，最終腫脹消除。

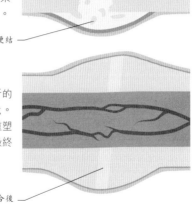

骨折癒合後

骨質逐漸流失

　　骨骼中的細胞通過不斷溶解舊骨和形成新骨來重塑骨骼。
然而，當溶骨和成骨的過程不平衡時就會導致各種各樣的問題，
有些問題還比較麻煩。

當骨磨損時

　　當新生骨不足以替代老骨
時，就會引起脆骨病和骨質疏鬆
症。這種失衡通常是由含鈣食物
攝入不足或維他命 D 不足所致。維
他命 D 可從食物中獲得，但如果身體
常年不接受陽光照射（參見第 33 頁），也
會引起鈣的吸收障礙。缺乏維他命 D 和鈣
也可能是因為生命後期激素水平的改變所
致，例如女性絕經後雌激素下降等。骨質疏
鬆可產生一些症狀，但其最初的跡象是髖部
或腕部只輕輕一摔便導致骨折。

密質骨外層已耗盡

有力的密質骨外層

骨質疏鬆性骨

內部呈海綿狀

內部變脆

健康骨

鍛煉骨

　　日常鍛煉可刺激新生骨組織的
產生。高強度的運動，如健美操、慢
跑或球類運動是最好的，但
所有承重運動，包括溫和
的瑜伽或打太極拳，都
有助加強骨骼受壓的
部位。

在瑜伽的這一式練習中，
受壓的骨為脛骨

健康骨
健康的骨骼具有強壯的、厚實的緊密外
層，下方有良好的鬆質骨網絡。在 X 光
下這些結構顯影清晰，其強度也足夠承
受一些輕微打擊，如伸手着地等。

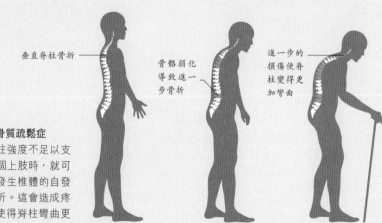

垂直脊柱骨折

骨骼弱化
導致進一
步骨折

進一步的
損傷使脊
柱變得更
加彎曲

脊柱骨質疏鬆症
當脊柱強度不足以支
撐整個上肢時，就可
能會發生椎體的自發
性骨折。這會造成疼
痛，使得脊柱彎曲更
嚴重。

早期　　　　　後期　　　　　晚期

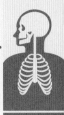

骨質疏鬆症有多常見？

在世界上，50 歲以上的人羣中，每三個女性和每五個男性就有一個經歷過骨質疏鬆性骨折。吸煙、飲酒及缺乏鍛煉均有可能增加損傷的風險。

牛奶

桃子

骨

西蘭花

芝士

補充鈣

在生命的每一個階段，攝入大量含鈣食物的均衡飲食以防止骨質疏鬆都是必需的。比較好的膳食鈣來源為奶製品、一些水果和蔬菜、堅果、豆類、禾穀類、蛋類、罐頭魚（含骨的）以及營養麵包。

魚

橙

黃豆

骨質疏鬆

脆性骨僅有一層薄薄的密質骨，其下方的鬆質骨網絡內部支撐也較少。薄層骨幾乎在 X 光下顯示不出來，且一次輕微摔傷就有機會導致骨折。

當關節變得脆弱時

如關節受到多次磨損，可導致一種被稱為骨關節炎的疾病。骨關節炎尤其常見於一些承重的關節，如膝蓋和髖關節，可導致疼痛、身體僵硬和關節活動受限。在這種情況下，關節軟骨變少甚至消失，引起骨末端相互摩擦及骨質增生。

關節置換

可單純採用止疼藥治療骨關節炎，但是當症狀影響到生活質量時，最好的解決辦法是用金屬、塑料或陶瓷製成的人工關節來代替骨關節。然而，即使是人工關節也有可能被磨損，大約每隔 10 年需要重新置換一次。常見需要置換的關節是髖關節。

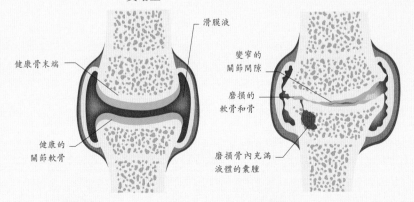

健康骨末端

滑膜液

變窄的
關節間隙

磨損的
軟骨和骨

健康的
關節軟骨

磨損骨內充滿
液體的囊腫

健康關節

在健康的關節中，軟骨可對兩端的骨起到緩衝作用，而後者被一層稱為滑膜液的潤滑劑分隔。

關節炎

在關節炎中，關節軟骨被腐蝕。骨頭互相摩擦，滑膜液也無法潤滑骨頭。

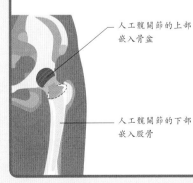

人工髖關節的上部
嵌入骨盆

人工髖關節的下部
嵌入股骨

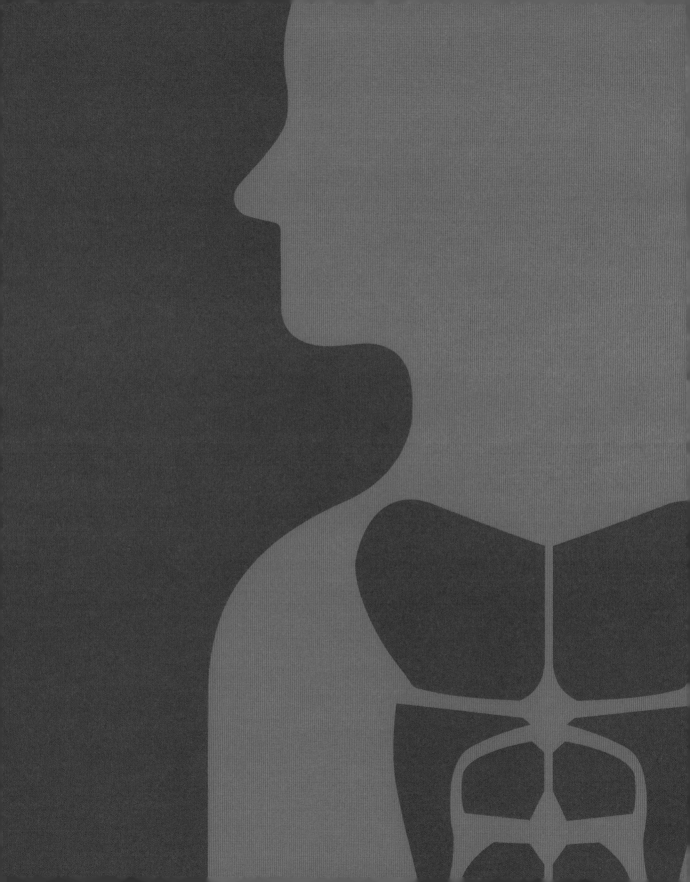

人體是如何
運動的？

牽引力

　　肌肉是人體所有動作的執行者，通過肌腱與骨頭相連接。肌腱是由堅固的結締組織組成的，作用是在運動過程中伸展來對抗該動作所產生的力量。

團隊工作

　　肌肉只能牽拉，而不能後推。因此，它們必須與其對抗的肌肉成對或成組協同工作。當一組肌肉收縮時，另一組肌肉舒張，以使關節屈曲。它們可通過互換角色（收縮的肌肉鬆弛，舒張的肌肉收縮）來伸展關節。例如，肱二頭肌收縮時肘關節屈曲，而肱三頭肌收縮時，肱二頭肌鬆弛，肘關節伸展。因此，肌肉只能通過槓桿，間接地起到「推」的作用。

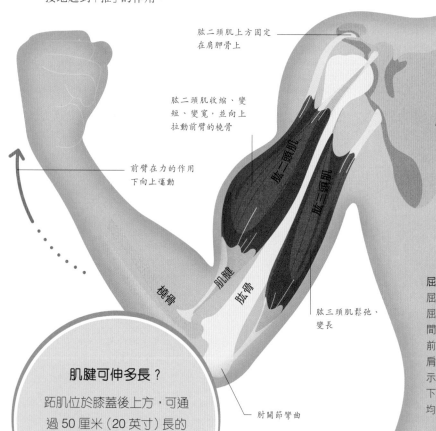

肱二頭肌上方固定在肩胛骨上

肱二頭肌收縮、變短、變寬，並向上拉動前臂的橈骨

前臂在力的作用下向上運動

肱二頭肌

肱三頭肌

肩胛骨

橈骨

肌腱

肱骨

肱三頭肌鬆弛、變長

肘關節彎曲

肌腱可伸多長？

跖肌位於膝蓋後上方，可通過 50 厘米（20 英寸）長的肌腱拉動跟骨。跟腱是人體最強壯的肌腱。

屈曲

屈曲就是使關節彎曲。屈曲可減小兩根骨頭之間的角度。對於既可向前又可向後的關節（如肩關節）來說，屈曲表示向前的運動。當人坐下時，髖關節和膝關節均處於屈曲狀態。

伸展

關節伸展是關節屈曲的反向，是指兩根骨頭之間的角度變大的情況。對既可向前又可向後移動的關節（如髖關節）來說，伸展則表示向後的運動。當人站立時，髖關節和膝關節均處於伸展狀態。

身體槓桿

槓桿可允許動作圍繞着一個支點進行。一級槓桿中，支點是中心；二級槓桿中，負荷在力與支點之間；三級槓桿中，力在負荷與支點之間（就像使用一對鑷子）。

圖例
- ◢ 支點
- ↑ 力的方向
- ↑ 負荷的運動

一級槓桿

頸肌就屬於一級槓桿。當頸肌收縮時，可使下巴於支點（顱骨與脊柱之間的關節）的對側提升。

頸肌

二級槓桿

當腳着地時，腓腸肌可通過牽引起到二級槓桿的作用。腳在腳趾根部彎曲，這樣整個身體的重量都可在腳尖處提升。

腓腸肌

身體稍稍上升，但力量很大

三級槓桿

肱二頭肌就是一種三級槓桿。在其支點（肘部）處小幅度拉動骨頭，便可引起槓桿另一側手臂的大幅度移動。在三級槓桿中，小小的用力就可轉變成大大的運動。

肱二頭肌

支點就是肘關節

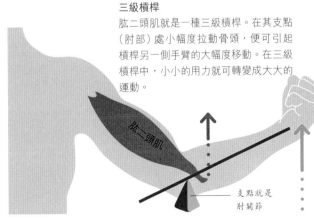

在跑步時，跟腱的**強度足以支撐人體體重十倍以上**的重量。

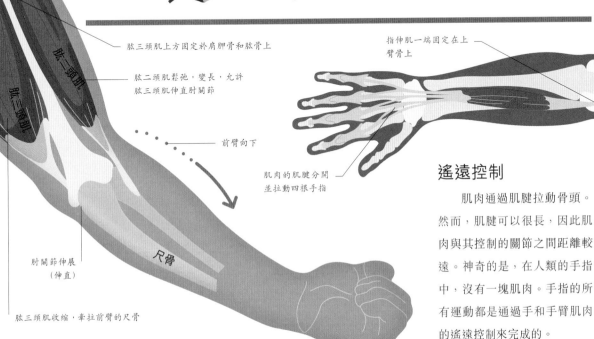

肱三頭肌上方固定於肩胛骨和肱骨上

肱二頭肌鬆弛、變長，允許肱三頭肌伸直肘關節

肱二頭肌

肱三頭肌

前臂向下

肘關節伸展（伸直）

尺骨

肱三頭肌收縮，牽拉前臂的尺骨

指伸肌一端固定在上臂骨上

肌肉的肌腱分開並拉動四根手指

遙遠控制

肌肉通過肌腱拉動骨頭。然而，肌腱可以很長，因此肌肉與其控制的關節之間距離較遠。神奇的是，在人類的手指中，沒有一塊肌肉。手指的所有運動都是通過手和手臂肌肉的遙遠控制來完成的。

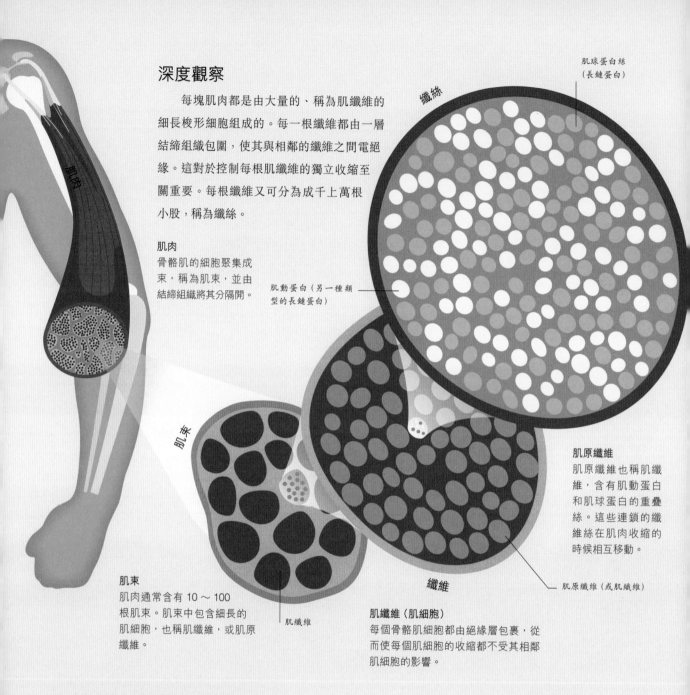

深度觀察

　　每塊肌肉都是由大量的、稱為肌纖維的細長梭形細胞組成的。每一根纖維都由一層結締組織包圍，使其與相鄰的纖維之間電絕緣。這對於控制每根肌纖維的獨立收縮至關重要。每根纖維又可分為成千上萬根小股，稱為纖絲。

肌肉
骨骼肌的細胞聚集成束，稱為肌束，並由結締組織將其分隔開。

纖絲

肌球蛋白絲
（長鏈蛋白）

肌動蛋白（另一種類
型的長鏈蛋白）

肌肉

肌束

肌原纖維
肌原纖維也稱肌纖維，含有肌動蛋白和肌球蛋白的重疊絲。這些連鎖的纖維絲在肌肉收縮的時候相互移動。

肌原纖維（或肌纖維）

纖維

肌束
肌肉通常含有 10 ～ 100 根肌束。肌束中包含細長的肌細胞，也稱肌纖維，或肌原纖維。

肌纖維

肌纖維（肌細胞）
每個骨骼肌細胞都由絕緣層包裹，從而使每個肌細胞的收縮都不受其相鄰肌細胞的影響。

肌肉是如何牽拉的？

　　人體所有的運動都是由肌細胞完成的。有些肌肉是受意願控制的，只有在人們想要它們收縮的時候才會收縮。而另一些肌肉則自動收縮，以維持機體的正常運轉。肌細胞可在肌動蛋白及肌球蛋白分子的作用下收縮。

神秘的分子

肌動蛋白和肌球蛋白絲排列在一起，稱為肌節。當肌肉收到收縮信號，肌球蛋白絲會不斷地拉動肌動蛋白絲使得二者越來越靠近。這樣，肌肉就縮短了。當兩者分開時，則肌肉重新鬆弛。

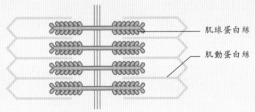

肌球蛋白絲

肌動蛋白絲

肌肉鬆弛時的肌節

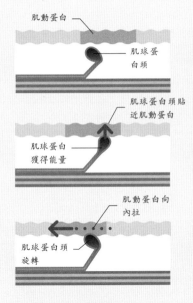

肌動蛋白

肌球蛋白頭

1 肌球蛋白獲得能量
ATP 分子（由糖和氧氣產生）為肌球蛋白頭賦予能量。

2 肌球蛋白頭貼近肌動蛋白
獲得能量的肌球蛋白頭附着在肌動蛋白絲上，形成橫橋。

肌球蛋白頭貼近肌動蛋白

肌球蛋白獲得能量

3 頭轉動
肌球蛋白頭釋放能量並轉動，使肌球蛋白絲滑動。橫橋變窄。

肌動蛋白向內拉

肌球蛋白頭旋轉

4 再次獲得能量
橫橋釋放，肌球蛋白頭再次獲得能量。在一次肌肉收縮中，上述步驟重複發生。

肌球蛋白頭分離

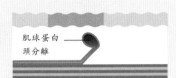

肌動蛋白向內拉，肌肉收縮並變短

肌肉收縮時的肌節

快慢抽搐

肌肉有兩種類型的纖維。快肌纖維可在 50 毫秒內到達其峰值收縮，也就是其輸出功率的峰值，但幾分鐘後就疲勞了。而慢肌纖維要到 110 毫秒才能到達其峰值收縮，但不會疲勞。短跑運動員所需的爆發力意味着他們有更多快肌纖維。長跑運動員則有更多不易疲勞的慢肌纖維。

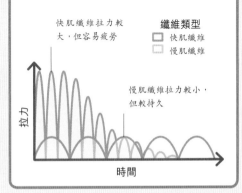

快肌纖維拉力較大，但容易疲勞

纖維類型
☐ 快肌纖維
☐ 慢肌纖維

慢肌纖維拉力較小，但較持久

拉力

時間

抽筋

有時肌肉可能會不自主收縮，導致疼痛性抽筋。這種情況通常發生於化學物質失衡時，如血液循環差導致氧水平低及乳酸增加，從而干擾橫橋的釋放。輕柔地伸展和揉搓收縮的肌肉，可刺激循環並幫助肌肉鬆弛。

快肌纖維每秒可收縮 30～50 次。

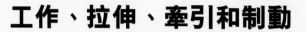

工作、拉伸、牽引和制動

　　肌肉縮短並拉動骨頭以屈曲關節並引起運動。然而，肌肉的收縮也可以不伴隨任何運動，只產生可平穩支撐重物的力量和張力。如果重量太大無法支撐，肌肉甚至會在對重物運動的制動過程中收縮或延長。

牽引並縮短

　　當雙臂彎曲並舉起重物時（如健身時的「肱二頭肌彎舉」），肱二頭肌收縮並縮短，由此引起向上的運動。肱二頭肌產生的這股力量比其對抗的重量或力量更大。肌肉既包含可縮短的收縮纖維，也包含在壓力增加時可伸縮的彈性纖維。在使肌肉縮短的收縮過程中，收縮纖維引起肌肉長度的改變，但是彈性纖維的張力則保持不變。

為甚麼運動之前需要熱身？

在進行運動之前，可適當做些熱身運動，以放鬆肌肉，增強血液循環，這樣可以幫助肌肉免受一些損傷，如突然進行劇烈運動時常常發生的肌肉撕裂和拉傷。

肱二頭肌

等張收縮

前臂彎曲

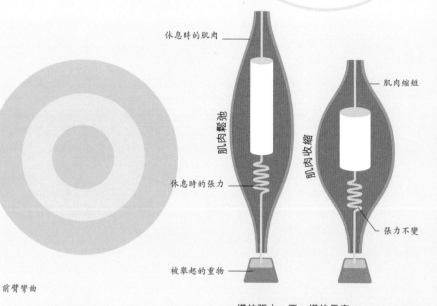

休息時的肌肉

肌肉縮短

肌肉鬆弛

肌肉收縮

休息時的張力

張力不變

被舉起的重物

一樣的張力，不一樣的長度
當肌肉長度改變而張力不變時，稱為等張收縮。此時如果肌肉縮短，也稱為同心收縮。

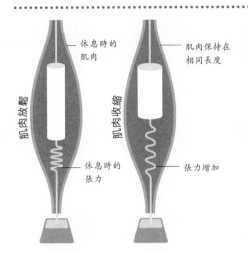

牽引但並不縮短

　　當你平穩握住重物，使其不至於掉落，那麼肌肉的長度就不會改變或是產生移動。這個過程並不會使肌肉縮短，而是產生一個較強的拉力或張力。事實上，很多肌肉時常會有輕度的收縮，以對抗身體的重力效應。

休息時的肌肉

肌肉保持在相同長度

肌肉放鬆

肌肉收縮

休息時的張力

張力增加

牽引但並不移動
如果肌肉在張力增加時仍保持原來的長度，則稱為等長收縮。由於肌肉長度並未改變，不會發生任何移動，這樣的收縮也稱為均衡收縮。

三角肌

肱二頭肌

肱二頭肌的均衡收縮可將重物平穩地握住

三角肌在阻止重物下降的過程中自身也會變長

前臂下降

牽引和變長
在一個向心性的等張收縮中，肌肉內部產生的張力不足以承受整個負荷。隨着肌肉收縮，其長度也會變長，例如，當放下重物過程中突然停止的時候。

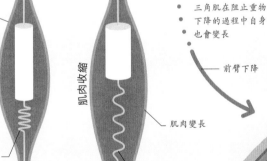

休息時的肌肉

肌肉鬆弛

肌肉收縮

休息時的張力

肌肉變長

張力增加

肌肉收縮**產生**的熱量高達**人體總熱量**的 **85%**。

感覺輸入，動作輸出

大腦和脊髓構成了中樞神經系統。它們通過一個龐大的「感覺」神經細胞網絡接收來自全身的感覺輸入。而作為對這些感覺信息的回應，大腦和脊髓將信息傳至「運動」神經細胞，以控制身體的動作。

在對信息**產生意識**之前，大腦需要花費 **400 毫秒**來**處理輸入的信息**。

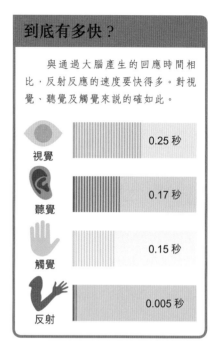

到底有多快？

與通過大腦產生的回應時間相比，反射反應的速度要快得多。對視覺、聽覺及觸覺來說的確如此。

視覺	0.25 秒
聽覺	0.17 秒
觸覺	0.15 秒
反射	0.005 秒

輸入（感覺神經）

諮詢大腦

如果一個動作需要意識來完成，如聽到一聲信號槍響，那麼在身體採取行動之前，信號會通過感覺神經首先從脊髓傳至大腦接受處理。一些有意識的動作變得相對自動化，並且「不經大腦」自動進行。事實上，多數為了使身體正常運轉的神經信號，均是在潛意識的狀態下在大腦裏進進出出。

短跑運動員就位

耳朵將槍響作為聽覺信號來理解

等待信號發出
短跑運動員在起跑線處就位，等待起跑信號槍響。

音頻提示
起跑槍聲響起。聲波到達耳朵，耳朵再將感覺信號傳遞給大腦。

將大腦從神經迴路中移開

為了生存，有時需要繞過大腦迅速反應，這就是本能反應。這條反射通路是通過脊髓來完成的，這樣可以避免信息傳至大腦產生的延遲。當反射動作完成後，大腦可能會隨後直接獲知該信息。

手指傳來的疼痛

火焰灼燒皮膚

突然的信號
當手指突然接觸到火焰時，一個疼痛信號便通過感覺神經傳遞到脊髓。

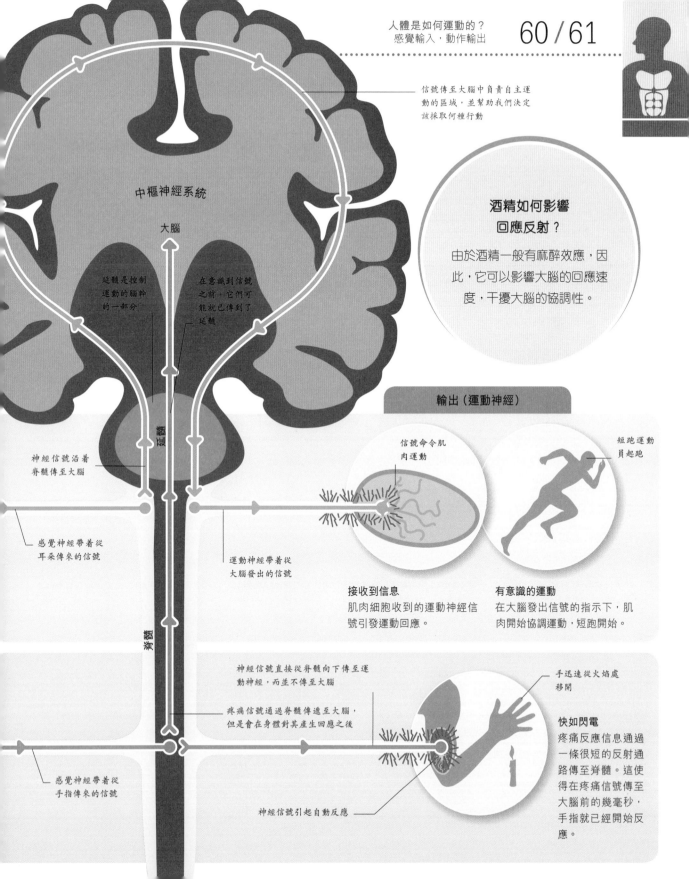

信號傳至大腦中負責自主運動的區域，並幫助我們決定該採取何種行動

中樞神經系統

大腦

延髓是控制運動的腦幹的一部分

在意識到信號之前，它們可能就已傳到了延髓

酒精如何影響回應反射？

由於酒精一般有麻醉效應，因此，它可以影響大腦的回應速度，干擾大腦的協調性。

延髓

輸出（運動神經）

神經信號沿着脊髓傳至大腦

信號命令肌肉運動

短跑運動員起跑

感覺神經帶着從耳朵傳來的信號

運動神經帶着從大腦發出的信號

脊髓

接收到信息
肌肉細胞收到的運動神經信號引發運動回應。

有意識的運動
在大腦發出信號的指示下，肌肉開始協調運動，短跑開始。

神經信號直接從脊髓向下傳至運動神經，而並不傳至大腦

疼痛信號通過脊髓傳遞至大腦，但是會在身體對其產生回應之後

手迅速從火焰處移開

快如閃電
疼痛反應信息通過一條很短的反射通路傳至脊髓。這使得在疼痛信號傳至大腦前的幾毫秒，手指就已經開始反應。

感覺神經帶着從手指傳來的信號

神經信號引起自動反應

控制中樞

大腦負責協調身體的各個功能。它含有相互連接的億萬個神經細胞，因此，是最複雜的器官。大腦可以同時處理思想、行為和情緒。儘管人們普遍認為，大腦某些區域的確切功能尚不明確，但人類已使用了大腦的全部功能。

大腦內部

腦可以分為兩個主要部分：高級腦和原始腦。在兩者中，高級腦（即大腦）體積更大，可分為兩半部分，即左腦和右腦。高級腦可產生意識。而原始腦則與脊髓相連接，是控制身體自主功能（包括呼吸和血壓）的中樞。

灰質
大腦外層的深色區域主要是神經細胞體，其中一些聚集在一起形成神經節。

神經細胞體

白質
可攜帶神經細胞發出的電脈衝的細小神經絲或軸突，組成了灰質下方的蒼白組織。

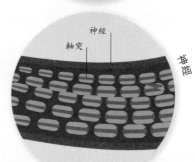

神經
軸突
神經

灰質

原始腦
小腦、丘腦和腦幹處理本能反應和自主功能，如體溫和睡眠－覺醒週期。這部分區域同時也產生一些原始的情感，如憤怒和恐懼。小腦可協調肌肉的運動，並幫助保持平衡。

工作中的大腦

當你學習一項新技能的時候，所有參與其中的腦細胞可形成新的連接。這意味着一些尚不熟悉的動作開始變得「自動化」起來。高爾夫球手的熟練程度可從他們揮桿時大腦的活化區域反映出來。

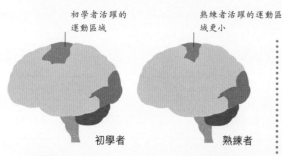

初學者活躍的運動區域

熟練者活躍的運動區域更小

初學者

熟練者

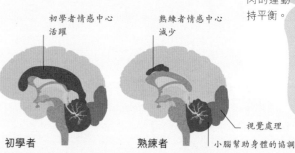

初學者情感中心活躍

熟練者情感中心減少

初學者

熟練者

視覺處理
小腦幫助身體的協調

外腦活動
當練習揮桿時，隨着曾經不熟悉的動作變得更精細，大腦中的活化區域就會變小。但不論是初學者還是熟練者，其大腦中致力於動作協調及視覺處理的區域活化程度均相同。

內腦的活動
大腦的橫斷面表明初學者的情感中心是活躍的，他們可能在處理焦慮或尷尬。而熟練的高爾夫球手已學會控制他們的情緒，並專注於揮桿。

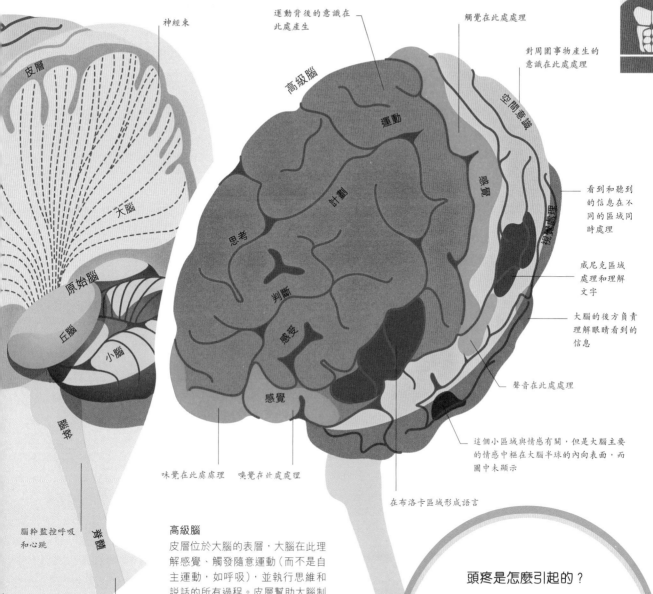

神經束

運動背後的意識在此處產生

觸覺在此處處理

對周圍事物產生的意識在此處處理

皮層

高級腦

運動

空間意識

大腦

計劃

感覺

看到和聽到的信息在不同的區域同時處理

思考

視覺處理

威尼克區域處理和理解文字

原始腦

判斷

大腦的後方負責理解眼睛看到的信息

丘腦

感受

小腦

聲音在此處處理

腦幹

感覺

這個小區域與情感有關，但是大腦主要的情感中樞在大腦半球的內向表面，而圖中未顯示

脊髓

味覺在此處處理　嗅覺在此處處理

在布洛卡區域形成語言

腦幹監控呼吸和心跳

高級腦

皮層位於大腦的表層，大腦在此理解感覺、觸發隨意運動（而不是自主運動，如呼吸），並執行思維和說話的所有過程。皮層幫助大腦制訂並組織計劃，產生最初的想法並作出有價值的判斷。皮層甚至是塑造性格的地方。皮層的每個區域都有其主要功能。一些運動技巧，如寫字、唱歌、跳踢踏舞或是打網球，都依賴運動皮層的作用。

脊髓在大腦和身體之間傳遞信息

頭疼是怎麼引起的？

痛感神經圍繞着頭部血管。在應激時，流向頭部的血流發生變化，引起這些血管收縮或擴張，進而壓迫痛感神經並引起疼痛。你可能會感覺疼痛來自大腦的內部，但那裏其實根本沒有痛感神經！

交流中心

當人在思考或是行動的時候，大腦中並非僅有一個區域是活躍的。事實上，遍佈多個大腦區域的神經細胞網絡都變得活躍起來。正是這些活動模式支配着人的思想和身體。

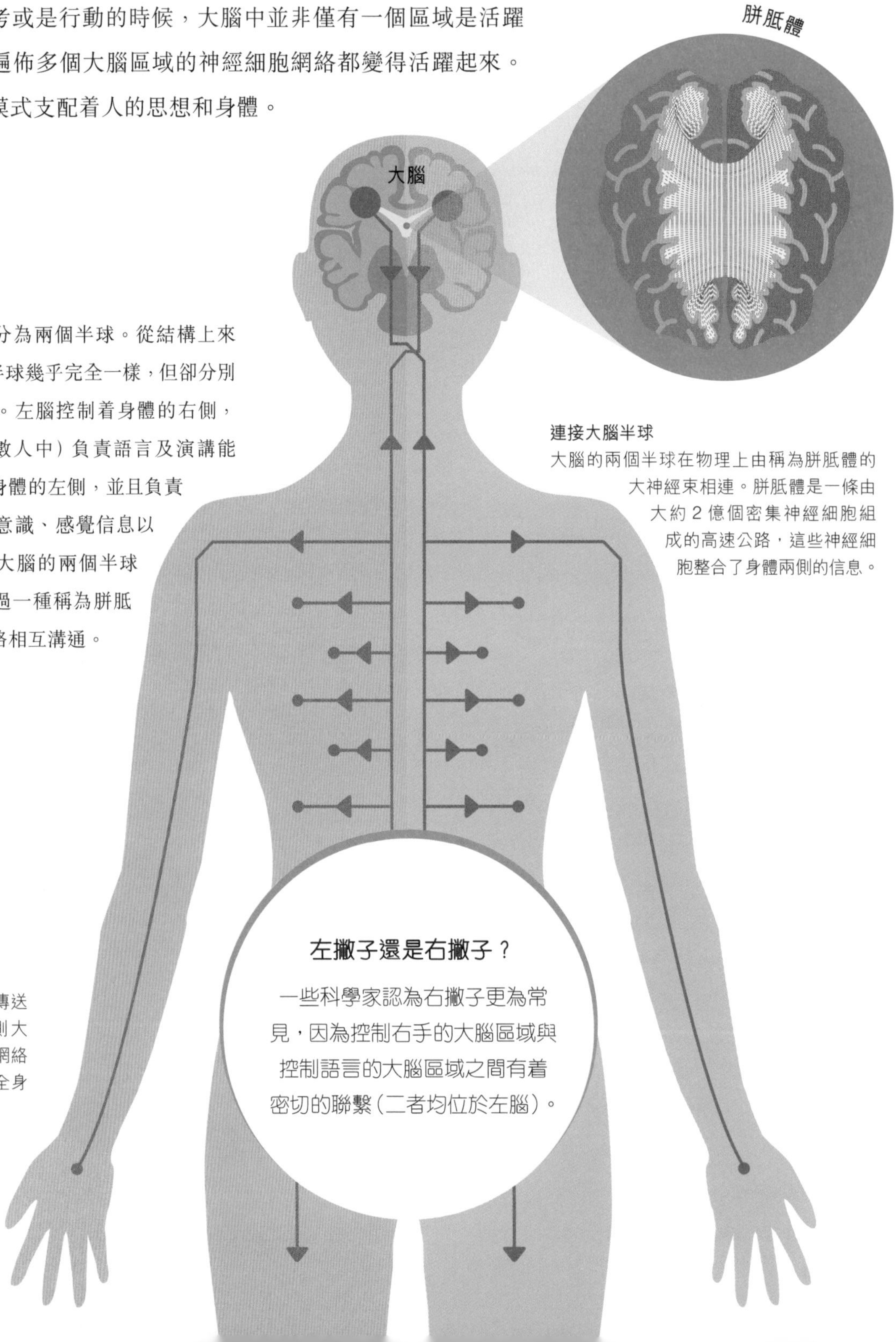

胼胝體

大腦

大腦半球

人的大腦可分為兩個半球。從結構上來說，這兩個大腦半球幾乎完全一樣，但卻分別負責不同的功能。左腦控制着身體的右側，並且（在絕大多數人中）負責語言及演講能力。右腦控制着身體的左側，並且負責對周圍事物產生意識、感覺信息以及創造性想法。大腦的兩個半球協同工作，並通過一種稱為胼胝體的神經高速公路相互溝通。

連接大腦半球

大腦的兩個半球在物理上由稱為胼胝體的大神經束相連。胼胝體是一條由大約 2 億個密集神經細胞組成的高速公路，這些神經細胞整合了身體兩側的信息。

控制對側

身體的一側將信息傳送至並且受控於對側大腦。信息通過神經網絡進行傳遞，並到達全身每一處。

左撇子還是右撇子？

一些科學家認為右撇子更為常見，因為控制右手的大腦區域與控制語言的大腦區域之間有着密切的聯繫（二者均位於左腦）。

大腦中有 **860 億個神經細胞**，這些細胞由 **100 兆個連接**組成，比銀河系中星星的數目還要多。

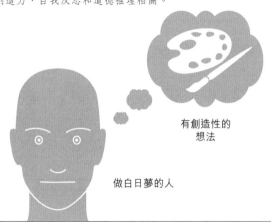

連接大腦區域的神經通路

下國際象棋的時候，活躍的大腦中的一個細胞

大腦內的網絡

不論是做一個最簡單的動作如走路，還是做一個複雜的動作如跳舞，所使用的大腦區域幾乎都不止一個。事實上，每一天整個大腦連接區域的網絡都處於活躍狀態。通過觀察同時活躍的區域，研究人員可以記錄大腦周圍的信息流。在人的一生中，當學習新技能和新知識時，這些網絡會發生改變，並導致新的神經通路形成。隨着年齡增長，那些沒有使用過的神經通路可能會被去除。

工作時的多個大腦區域
在下國際象棋的時候，人們可能使用了多個大腦區域。比如不僅使用了視覺處理的區域，還使用了記憶及計劃的區域，以回憶之前下過的棋局並制訂一個走步策略。

這個神經細胞與其他四個神經細胞相連，在大腦中形成網絡

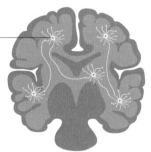

物理連接
科學家可追蹤大腦中神經細胞的物理連接。神經通路的密度可提示大腦哪個區域的交流更頻繁。

活躍的神經可在一些顱腦掃描檢查中顯示為亮化的區域

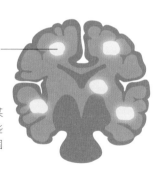

活躍的大腦區域
神經細胞產生的電活動可以在某些類型的腦掃描中被發現。這些掃描可揭示腦的哪個區域在某個特定任務中最活躍。

默認模式

當處於放鬆狀態、不再關注周圍的世界時，大腦表現為一種特定的活動狀態，這種狀態就稱為默認模式。有人認為，這個網絡有助於人在走神時產生想法，並可能與創造力、自我反思和道德推理相關。

有創造性的想法

做白日夢的人

點燃生命

　　神經以毫秒級的速度在身體周圍傳遞電信息。每根神經就像一根絕緣電線，每根「電線」被稱為神經纖維或軸突。每個軸突都是一個稱為神經元、非常長的細胞的主要部分，其作用是傳遞信號。

神經包含血管和軸突束（神經細胞纖維）

血管

神經

神經細胞是如何傳遞信息的？

　　在受到刺激的時候（如疼痛），神經細胞會產生一個電脈衝。如果刺激足夠強，神經細胞膜上的小孔就會打開，允許帶電離子進出細胞內外。這樣就產生了沿着神經軸突傳播的電脈衝。接着小孔關閉，等待下一次刺激。

1　神經細胞內的脈衝
　　電荷沿着神經軸突運動。多脂的髓鞘細胞像穿在繩子上的珠子一樣沿着軸突分佈，並在相鄰的髓磷脂之間留下空隙。電脈衝可在縫隙間跳躍，使其傳播速度更快。

神經細胞傳遞的速度究竟有多快？

傳遞最快的是肌肉中的位置傳感器，其神經脈衝的傳遞速度為 430 公里 / 小時（265 英里 / 小時）。

神經束─軸突束

髓鞘（就像一種脂肪材料的外殼）使軸突絕緣，並使其傳遞電信號的速度更快

電信號沿着髓鞘跳躍式傳導

軸突

電信號沿着神經細胞的軸突傳遞

發麻

　　給神經一定的壓力，如穿上緊繃的襪子，可以切斷其血液供應。這樣會阻止神經傳遞信息，引起麻木感。當壓力緩解，血流恢復。當神經及其受體再次活躍時，會產生令人不適的刺痛感。

電信號終止

電信號及感覺恢復

壓力切斷血流　　　　受體再度活躍

樹突連接其他神經細胞

神經細胞之間的**縫隙**還不足**人的頭髮**寬度的一**萬億分之一**。

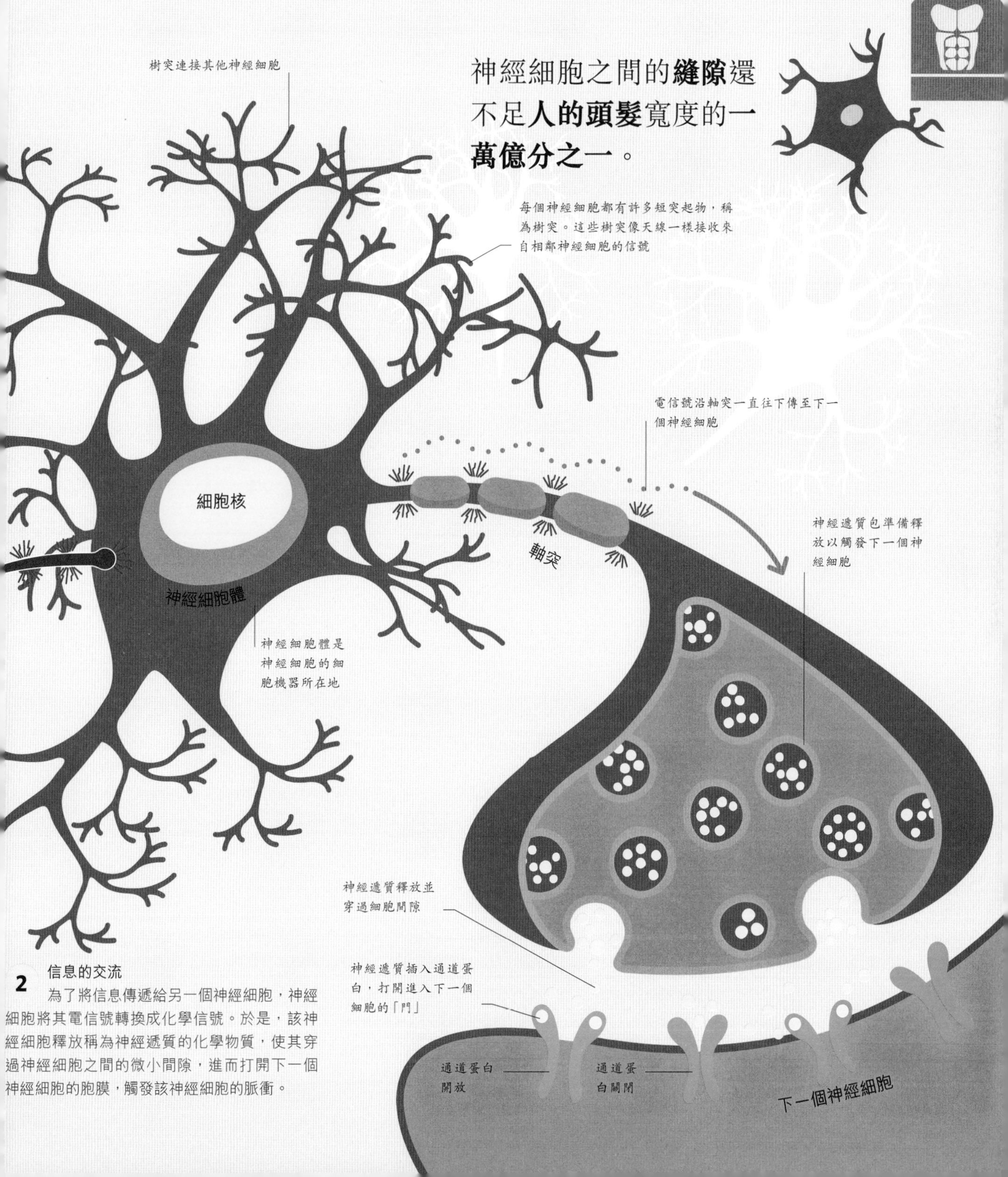

每個神經細胞都有許多短突起物，稱為樹突。這些樹突像天線一樣接收來自相鄰神經細胞的信號

電信號沿軸突一直往下傳至下一個神經細胞

細胞核

神經遞質包準備釋放以觸發下一個神經細胞

軸突

神經細胞體

神經細胞體是神經細胞的細胞機器所在地

神經遞質釋放並穿過細胞間隙

神經遞質插入通道蛋白，打開進入下一個細胞的「門」

2 信息的交流

為了將信息傳遞給另一個神經細胞，神經細胞將其電信號轉換成化學信號。於是，該神經細胞釋放稱為神經遞質的化學物質，使其穿過神經細胞之間的微小間隙，進而打開下一個神經細胞的胞膜，觸發該神經細胞的脈衝。

通道蛋白開放

通道蛋白關閉

下一個神經細胞

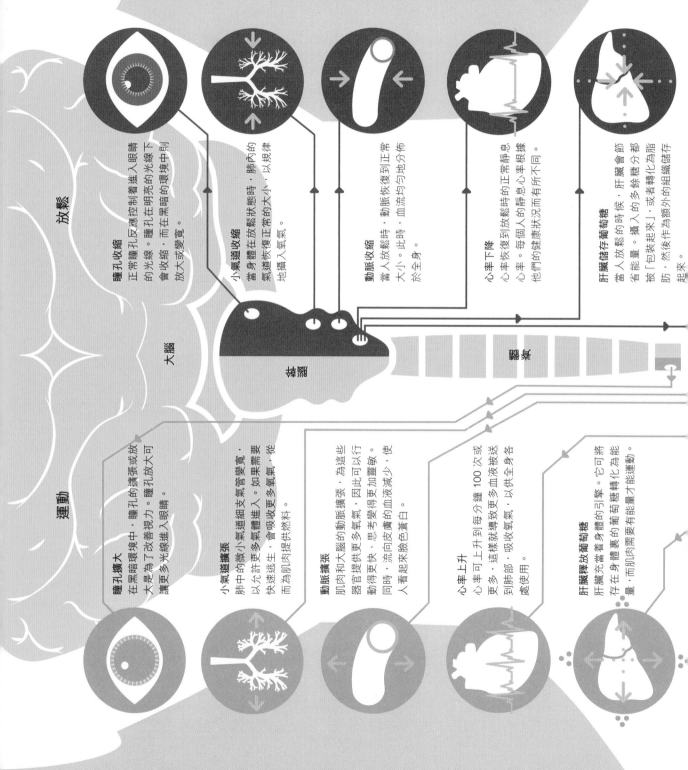

放鬆

大腦

脊髓

瞳孔收縮
正常瞳孔反應控制着進入眼睛的光線。瞳孔在明亮的光線下會收縮,而在黑暗的環境中則放大或變寬。

小氣道收縮
當身體在放鬆狀態時,肺內的氣道恢復正常的大小,以規律地攝入氧氣。

動脈收縮
當人放鬆時,動脈恢復到正常大小。此時,血流均勻地分佈於全身。

心率下降
心率恢復到放鬆時的正常靜息。每個人的靜息心率根據他們的健康狀況而有所不同。

肝臟儲存葡萄糖
當人放鬆的時候,肝臟會調節能量。臟入的多餘糖分都被「包裝起來」或者轉化為脂肪,然後作為額外的組織儲存起來。

運動

軀幹

瞳孔擴大
在黑暗環境中,瞳孔的擴張或放大是為了改善視力。瞳孔放大可讓更多光線進入眼睛。

小氣道擴張
肺中的微小氣道細支氣管變寬,以允許更多氣體進入。如果需要快速逃生,思考得更快,會吸收更多氧氣,而為肌肉提供燃料。

動脈擴張
肌肉和大腦的動脈擴張,為這些器官提供更多氧氣,因此可以行動得更快,思考變得更加靈敏。同時,流向皮膚的血液減少,使人看起來臉色蒼白。

心率上升
心率可上升到到每分鐘100次或更多,這樣就導致更多血液被送到肺部,吸收氧氣,以供全身各處使用。

肝臟釋放葡萄糖
肝臟充當着身體的引擎。它可將存在身體裏的葡萄糖轉化為能量,而肌肉需要有能量才能運動。

運動還是放鬆？

身體自主的、無意識的功能是由中樞神經系統的「原始」部分，即脊髓和腦幹來管理的。它們使用兩種不同的神經網絡來控制身體的各個部位，而使用哪種神經網絡則取決於人們是否需要運動。

啟動消化

在沒有壓力的情況下，胃就會開始消化。這就是為甚麼在安靜的房間裏會聽到肚子「咕嚕咕嚕」作響。

使神經平靜下來

我們的雙神經系包括交感神經系統和副交感神經系統。副交感神經系統傾向於減緩身體的運動並能動消化。通常情況下，人們不會注意到它們的影響。

膀胱收縮

人可以完全控制膀胱的肌肉。當人完全放鬆時，這些肌肉會讓膀胱關閉。

小腸加速運動

營養素在小腸處被吸收、排便時將未消化的廢物向前推進。在人平靜和放鬆的時候進行，該過程效果最好。

消化速度減慢

胃會收到停止消化的指示。人在遇到真實威脅的時候，可能會將食物吐出來，以停止消化。如果正在奔跑，胃裏同時進行消化、奔跑速度就會減慢。

小腸運動減慢

流向腸道的血液減少，因為在面對壓力的時候，腸道對人體來說並不是一個重要的器官，故腸道的運動會減慢或完全停止。

膀胱鬆弛

當人緊張的時候，令膀胱保持關閉的肌肉會鬆弛，導致需頻繁地上廁所。

準備運動

交感神經系統運用另一些神經，負責「點燃」和刺激身體，為運動作好準備。然而一旦它達到了目的，副交感神經系統就會激活，來抵銷交感神經的效應，使身體回歸到放鬆的狀態。

神經質胃部發抖

在舞台表演或大型採訪之前，人可能會經歷胃部發抖，這是因為當人在生死攸關的時刻作準備時，流向胃部的血液減少。當血液減少時，部分神經的神經傳遞緊張、顫抖、甚至噁心的感覺。

撞傷、扭傷和撕裂傷

人體的軟組織，如神經、肌肉、肌腱和韌帶，很容易受到損傷而導致挫傷、腫脹、炎症和疼痛。一些損傷是由運動造成的，而另一些損傷則是由於過度使用這些組織或由意外造成的。隨着年齡增長和體質下降，損傷更容易發生。

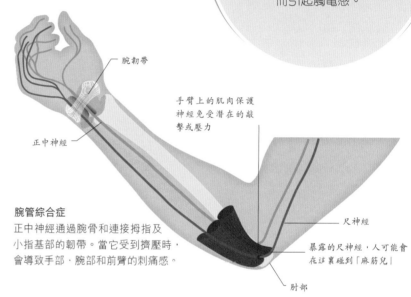

為甚麼敲擊「麻筋兒」的時候會感覺到「麻」？

叩擊肘部時，會壓迫沿肘外側下行的尺神經，使其與骨對抗，從而引起觸電感。

神經問題

神經可以伸展得很長，通常可以穿過骨頭之間的狹窄空間。一方面，這些狹窄的空間可引導及保護神經，但另一方面又可以捕獲神經信號並導致疼痛、麻木或刺痛感。當重複運動導致組織腫脹、長時間保持奇怪的姿勢（例如在睡眠時一直保持肘彎曲）或相鄰組織不在同一條直線上（椎間盤凸出），則可能產生夾痛感。

腕韌帶

手臂上的肌肉保護神經免受潛在的敲擊或壓力

正中神經

尺神經

暴露的尺神經，人可能會在這裏碰到「麻筋兒」

肘部

腕管綜合症
正中神經通過腕骨和連接拇指及小指基部的韌帶。當它受到擠壓時，會導致手部，腕部和前臂的刺痛感。

頸部過度屈伸損傷

這種損傷發生於頸部突然向後再向前移動或突然向前再向後移動的情況，常見於坐在行駛的車輛中被後面的車輛撞擊的情形。

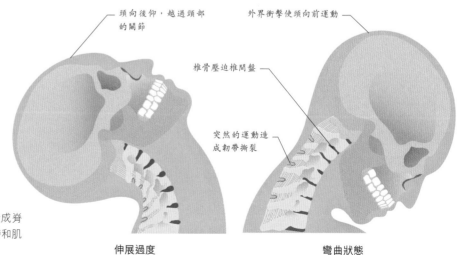

頭向後仰，越過頸部的關節

外界衝擊使頭向前運動

椎骨壓迫椎間盤

突然的運動造成韌帶撕裂

壓碎的椎間盤和撕裂的韌帶
突然的頸部過度屈伸使脖子震動，造成脊柱骨頭的損傷，壓迫椎間盤，撕裂韌帶和肌肉，以及伸長頸部的神經。

伸展過度

彎曲狀態

背痛

　　背部下方的脊柱承受了身體的大部分重量，因此很容易受傷。背痛的最常見部位也就在此。許多情況下背痛是由於在舉重物時未施以保護措施造成的。過度的拉力可導致肌肉撕裂和痙攣、韌帶伸長，甚至椎骨之間某個小的滑車關節發生錯位（參見第40頁）。過大的壓力可能會導致柔軟、膠質狀的椎間盤中心從其纖維包膜中漏出來並壓迫神經。相應的治療包括服用止痛藥、理療及盡可能增加活動。

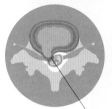

由於缺乏血液供應，背部肌肉撕裂後很難癒合

肌肉勞損

當體質較差時，肌肉比較容易受損。在這種情況下，舉起重物、搬東西、奇怪的彎曲姿勢甚至較長時間保持同一個坐姿都有可能導致肌肉勞損。

椎間盤凸出

受損的椎間盤壓迫神經根，造成針刺痛、痙攣和背痛。坐骨神經刺激可引起腿部疼痛。

腰椎間盤凸出

骨刺

當脊椎老化並開始磨損時，出現輕微的炎症或骨頭的癒合過程中會產生類似刺狀物的生長，壓迫神經根，引起疼痛。

骨生長

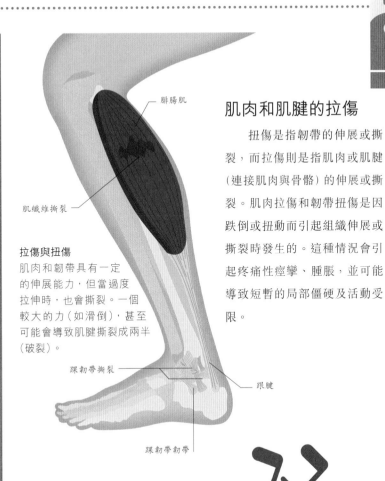

腓腸肌

肌纖維撕裂

拉傷與扭傷

肌肉和韌帶具有一定的伸展能力，但當過度拉伸時，也會撕裂。一個較大的力（如滑倒），甚至可能會導致肌腱撕裂成兩半（破裂）。

踝韌帶撕裂

踝韌帶韌帶

跟腱

肌肉和肌腱的拉傷

　　扭傷是指韌帶的伸展或撕裂，而拉傷則是指肌肉或肌腱（連接肌肉與骨骼）的伸展或撕裂。肌肉拉傷和韌帶扭傷是因跌倒或扭動而引起組織伸展或撕裂時發生的。這種情況會引起疼痛性痙攣、腫脹，並可能導致短暫的局部僵硬及活動受限。

腳踝是身體**最常見**的**扭傷**部位。

"PRICE" 技巧

　　"PRICE" 技巧是治療拉傷或扭傷的有效方法，其步驟包括：Protection（保護），即使用支撐、拐杖或吊索減輕壓力；Rest（休息），即不再讓受損的區域運動；Ice（冰），也就是用冰袋來減輕腫脹和出血；Compression（壓迫），採用彈性繃帶減輕腫脹；Elevation（抬高），將受傷部位抬高以減輕腫脹。

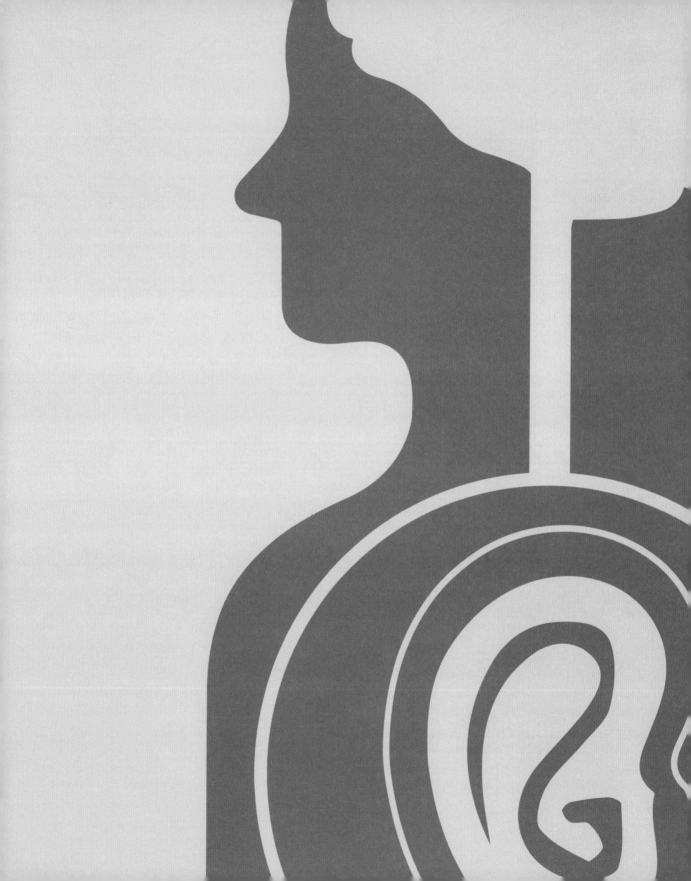

感覺的
類　型

微風

溫度改變

羽毛輕觸

表皮頂部的死細胞層

表皮

真皮（皮膚深層）

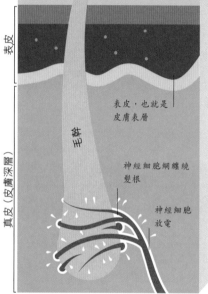

毛幹

表皮，也就是
皮膚表層

神經細胞網纏繞
髮根

神經細胞
放電

自由神經末梢延伸到
皮膚表層

非常輕的觸覺
感受器停留在
表皮的底部

毛髮的運動
我們對於沒有接觸到皮膚的東西也有感
覺。氣流或毛髮輕觸物體，均可扭曲及
觸動包繞在髮根周圍的神經。

溫度和疼痛
神經的周圍沒有任何特殊結構對冷、熱
或疼痛產生敏感。它們是最淺的感受器，
直接延伸到皮膚表層。

非常輕的接觸
位置稍微低於自由神經末梢的是默克爾
細胞，它們對微弱的觸覺非常敏感。默
克爾細胞在指尖上的數目尤其多。

感受壓力

　　觸覺實際上是由皮膚中幾種不同感受器的信號組成的。一些
感受器集中在特定的區域，如敏感的指尖。

皮膚的感覺是如何形成的？

　　皮膚中充滿了不同深度的微小傳感器或感受器，它們可以對不同類型的
接觸產生回應，包括輕微接觸、短暫接觸和持續的壓力等。從本質上來說，
每個感受器都代表一種輕微不同的感覺。當感受器受到干擾或扭曲時，會通
過觸發神經脈衝來對刺激產生反應。

我們如何感覺到
內臟的不適？

幾乎所有的觸覺都存在於皮膚和
關節。但是，當腸道不適時，我
們也可以感受得到。這是因為在
我們的小腸周圍有一些牽張感受
器和化學傳感器。

輕柔的觸摸

有力的按摩

震動

壓力感受器和
牽張感受器

輕觸感受器位
於真皮的頂部

深層壓力和震
動感受器

輕柔的觸覺

輕觸感受器是讀盲文的好工具，因為它們排列密集，電脈衝消失的速度很快。這樣就可以快速、準確地更新信息。

壓力和牽張

如果皮膚因壓力而拉伸或變形，則可觸發壓力感受器的脈衝。幾秒之後，這些感受器停止釋放脈衝，因此，它們的信息傳導得很快，不會形成持續的壓力。

震動和壓力

人體最深的觸覺感受器位於關節和皮膚上。這些感受器不會停止釋放脈衝，因此會對持續的壓力和震動作出反應。

從手掌到指尖

我們的手掌和指尖都非常的敏感，而指尖上所含有的神經末梢比皮膚上任何其他地方都多。成千上萬個輕觸感受器充滿了指尖，這些感受器觸發神經脈衝的類型，可告訴我們所接觸的物體表面是何種質地。

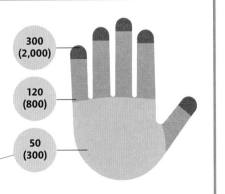

300
(2,000)

120
(800)

50
(300)

每平方厘米（每平方英尺）所含有的
神經末梢數目

人的每個**指尖**都能分辨出**頭髮寬度 10,000 倍**的質地差異。

感覺是如何形成的？

微小感受器沿着感覺神經將觸摸信息從我們的皮膚、舌頭、喉嚨、關節和身體其他部位傳送至大腦。這些神經脈衝最終都會到達大腦外圍的感覺皮層，並在這裏被組織和分析。

大腦的感覺是怎麼形成的？

由於大腦中含有整個身體的「地圖」，因此，當接觸到物體時，我們可以辨別這種接觸發生在身體的哪個部位。這張「地圖」以扭曲的方式位於大腦感覺皮層的一條帶上。因為身體有一部分區域更加敏感，含有更密集的神經末梢，這一部分在大腦中佔有的區域相比其他部分就要大得多。大腦皮層需要更多的空間來準確記錄這些詳細的感覺數據。大腦將這些信息整合起來，以分辨物體的軟硬度、表面粗糙或光滑、熱或冷、堅硬或有彈性、潮濕或乾燥，以及其他更多信息。

小矮人
這個感官小矮人的身體是按其在感覺皮層中所佔空間大小的相應比例繪製的。小矮人身上的各種顏色所佔的空間大小對應了其在感覺皮層中佔有空間的大小。

觸覺敏感的大腦
從側面看，接收觸覺信息的大腦表面是一條窄帶。這條窄帶繼續向內延伸至兩側大腦之間的「峽谷」深處。

感覺皮層

皮層

這條粉紅色的帶是感覺皮層，也就是接收觸覺信息的皮層部分

黃色區域表示皮層，是大腦的外層。大腦就是構成人腦大部分的巨大、摺疊的結構

敏感部位
身體各部位在皮層中所佔有的空間並不成比例，各部位（包括嘴唇、手掌、舌頭、拇指和指尖）將最詳細的觸覺信息傳遞至皮層。

左腦接收來自身體右側的觸覺信息

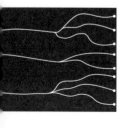

皮膚中所含**感覺神經末梢**的總數達 **500 萬**。

我們為甚麼不能撓癢自己？

當我們撓自己的時候，大腦會複製手指的預期運動方式，並將它發送到身體中將要被撓的那個部位，對其產生預警並抑制撓癢反應。與其他人來撓我們不同，自己撓自己的時候，我們的大腦可以準確預測自己的手指將要發生的運動並將其過濾。這是大腦可過濾不必要感覺數據的重要能力的一個例子。

我們如何感知到溫度？

特定的皮膚神經末梢會對熱或冷產生敏感。當溫度在 5 ～ 45℃（41 ～ 113℉）之間時，兩種神經末梢以不同的頻率持續產生脈衝，使大腦對冷熱程度有一個了解。但當溫度超過上述範圍時，則由別的神經末梢來感知。在這種情況下，它們傳遞的就不是熱或冷，而是疼痛了。

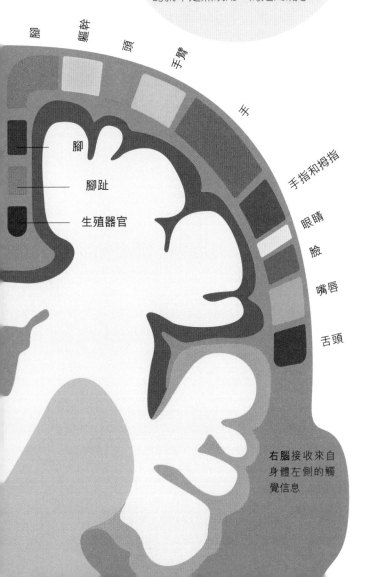

腳

軀幹

頭

手臂

手

手指和拇指

眼睛

臉

嘴唇

舌頭

腳

腳趾

生殖器官

右腦接收來自身體左側的觸覺信息

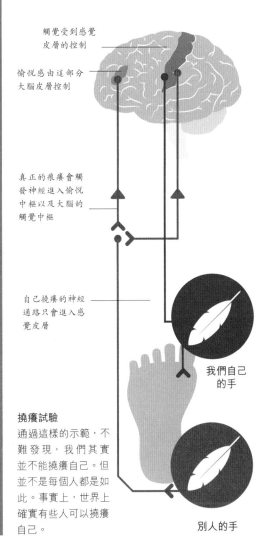

觸覺受到感覺皮層的控制

愉悅感由這部分大腦皮層控制

真正的痕癢會觸發神經進入愉悅中樞以及大腦的觸覺中樞

自己撓癢的神經通路只會進入感覺皮層

我們自己的手

撓癢試驗
通過這樣的示範，不難發現，我們其實並不能撓癢自己。但並不是每個人都是如此。事實上，世界上確實有些人可以撓癢自己。

別人的手

疼痛通路

雖然疼痛是一種很不愉快的感覺，但事實上對人非常有益。在身體受到傷害的時候，疼痛感會及時讓我們知道，並根據不同程度的疼痛感採取相應的措施。

感受疼痛

疼痛信號從受損部位的感受器沿着神經傳至脊髓，再到大腦，由大腦告訴我們，此刻正處於疼痛之中。人工或天然的化學止痛物可通過阻斷這條信息流而發揮作用。

慢 C 纖維

髓鞘

快 A 纖維

神經束

神經阻滯
局部麻醉劑阻滯電神經脈衝沿 A 纖維和 C 纖維傳導，因此這些神經脈衝無法到達脊髓。

3 **快還是慢？**
A 纖維軸突為有髓鞘的神經纖維，可使電信號的傳導遠遠快於 C 纖維。皮膚中緊密的 A 纖維感受器可導致局部的針刺樣疼痛，而 C 纖維則引起鈍性的灼樣疼痛。

鈍痛，廣泛疼痛　　刺痛，局部疼痛

疼痛信號在 **A** 纖維上的傳導速度比 **C** 纖維快 **15** 倍。

神經細胞

2 **受到刺激的神經細胞**
皮膚中的神經末梢開始對前列腺素產生反應，傳遞疼痛的電信號由神經細胞的軸突帶入神經束。

軸突

受傷部位的阻滯
阿司匹林可阻止損傷部位生成前列腺素，以阻止（痛覺）神經被激活。

1 **前列腺素**
當人受到傷害時，皮膚的細胞也會受到損傷。受損的細胞可釋放一種稱為前列腺素的化學物質，引起周圍神經細胞的激活。

細胞釋放的前列腺素分子

受損的細胞

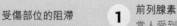

皮膚

物理損傷直接刺激疼痛感受器，使我們首先感受到疼痛感

瘀傷

切口

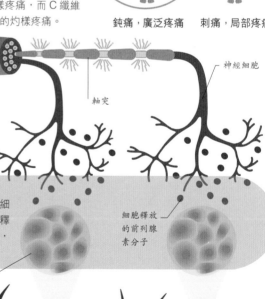

牽涉疼痛

在到達大腦前，內臟的神經通路和皮膚以及肌肉的神經通路是並行的。這可能會導致我們的大腦將發生在內臟器官的疼痛誤認為是更為常見、來自於該內臟器官相鄰近的肌肉或皮膚的疼痛。

心臟的疼痛信號

感受到上肢和右側胸腔的疼痛感

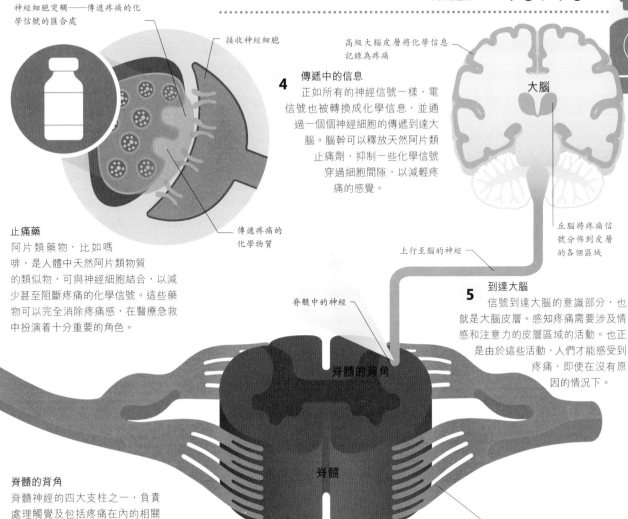

神經細胞突觸——傳遞疼痛的化學信號的匯合處

接收神經細胞

高級大腦皮層將化學信息記錄為疼痛

大腦

4 傳遞中的信息

正如所有的神經信號一樣，電信號也被轉換成化學信息，並通過一個個神經細胞的傳遞到達大腦。腦幹可以釋放天然阿片類止痛劑，抑制一些化學信號穿過細胞間隙，以減輕疼痛的感覺。

止痛藥

阿片類藥物，比如嗎啡，是人體中天然阿片類物質的類似物，可與神經細胞結合，以減少甚至阻斷疼痛的化學信號。這些藥物可以完全消除疼痛感，在醫療急救中扮演着十分重要的角色。

傳遞疼痛的化學物質

丘腦將疼痛信號分佈到皮層的各個區域

上行至腦的神經

脊髓中的神經

5 到達大腦

信號到達大腦的意識部分，也就是大腦皮層。感知疼痛需要涉及情感和注意力的皮層區域的活動。也正是由於這些活動，人們才能感受到疼痛，即使在沒有原因的情況下。

脊髓的背角

脊髓

與脊髓相連的神經

脊髓的背角

脊髓神經的四大支柱之一，負責處理觸覺及包括疼痛在內的相關信息。

我們為甚麼感覺到癢？

當皮膚的表面受到外界或是由於某種疾病導致的炎症所釋放的化學物質刺激時，就會感覺到癢。這可能是保護我們免受昆蟲叮咬傷害的一種進化結果。癢感受器與觸覺感受器或痛覺感受器相互獨立。當癢感受器被激活時，就會將神經信號通過脊髓傳至大腦，並由大腦啟動對癢感的抓撓反應。撓癢可同時刺激觸覺和痛覺感受器，阻斷癢感受器的信號傳遞，同時把注意力從抓癢的衝動中分散出來。

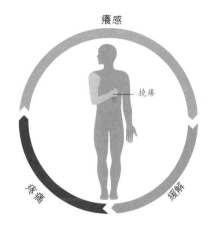

癢感

撓癢

疼痛

緩解

癢感循環

撓癢可以進一步刺激皮膚，使癢感信號持續更久。撓癢也會導致大腦釋放血清素來減輕疼痛，提供暫時的緩解。雖然這種癢的感覺消失了，但是想要抓癢的慾望卻更強了。

眼睛如何運作

　　視覺的能力是驚人的。我們可以看見事物的具體細節和顏色，看近物和遠物都比較清晰，並且可以辨別物體的速度和距離。視覺過程的第一階段是圖像捕捉，即在眼睛的光感受器上形成清晰的圖像。然後圖像被轉換成神經信號（參見第 82 ～ 83 頁），以便被大腦處理（參見第 84 ～ 85 頁）。

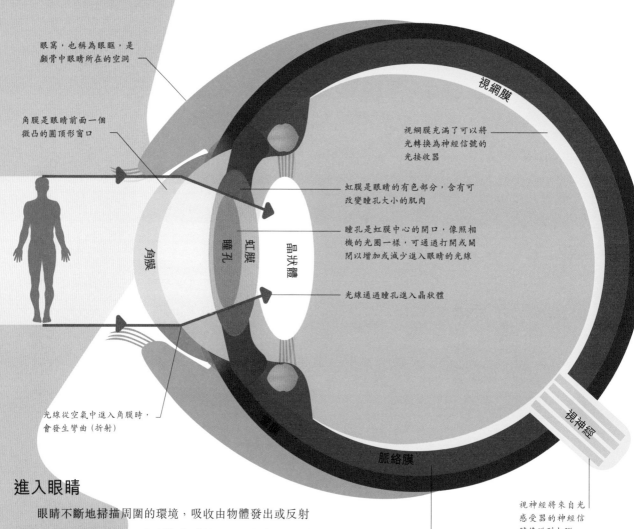

眼窩，也稱為眼眶，是顱骨中眼睛所在的空洞

角膜是眼睛前面一個微凸的圓頂形窗口

光線從空氣中進入角膜時，會發生彎曲（折射）

角膜

瞳孔

虹膜

晶狀體

視網膜

視網膜充滿了可以將光轉換為神經信號的光接收器

虹膜是眼睛的有色部分，含有可改變瞳孔大小的肌肉

瞳孔是虹膜中心的開口，像照相機的光圈一樣，可通過打開或關閉以增加或減少進入眼睛的光線

光線通過瞳孔進入晶狀體

視神經

脈絡膜

視神經將來自光感受器的神經信號傳送到大腦

脈絡膜含有為視網膜和鞏膜供血的血管

進入眼睛

　　眼睛不斷地掃描周圍的環境，吸收由物體發出或反射的光線。光線首先通過一個稱為角膜的透明凸起窗口而進入眼睛。在角膜處，光線彎曲，通過可控制光線強度的瞳孔後，由可調節的晶狀體準確聚焦於視網膜，而視網膜上有數百萬個光感細胞將這些信息形成一幅圖像，然後被傳送至大腦。

1 光線彎曲
　　角膜呈圓頂形，由角膜折射的光線通過瞳孔進入眼睛後會在眼睛內部向內指向一個焦點。瞳孔是虹膜中心開口，容許有限度的光線進入眼睛。

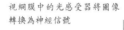

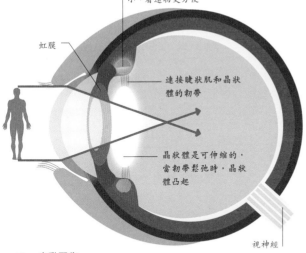

當睫狀肌收縮時，晶狀體凸起，以使焦點更近；而當睫狀肌舒張時，晶狀體縮小，看遠物更方便

虹膜

連接睫狀肌和晶狀體的韌帶

晶狀體是可伸縮的，當韌帶鬆弛時，晶狀體凸起

視神經

2 自動聚焦

當我們看近物和遠物時，不用通過思考就可以自動調節眼睛的焦距。當我們看近物時，拉動晶狀體的肌肉收縮，韌帶鬆弛，晶狀體凸起以增加聚焦能力。

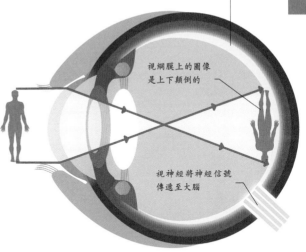

視網膜中的光感受器將圖像轉換為神經信號

視網膜上的圖像是上下顛倒的

視神經將神經信號傳遞至大腦

3 視網膜上的圖像

當光線到達視網膜時，超過 1 億個光感受器被激發，就像數碼相機傳感器上的像素一樣。圖像中的光線強度和顏色類型被保存為視神經中的電信號，並被傳至大腦。

強光

虹膜是眼睛的有色部分，其中心開口稱作瞳孔。虹膜中含有可收縮或舒張的肌肉，以改變瞳孔的大小，由此來控制進入眼睛的光線量。

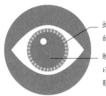

虹膜——一個有色的肌肉環

瞳孔增大（擴大）以使更多光線進入眼睛

弱光

瞳孔縮小以使進入眼睛的光線減少

強光

眨眼時上眼瞼下移

眨眼或閉上眼睛時，下眼瞼不動

眼睛關閉

我們的眼睛非常敏捷。當異物快要進入我們的眼睛時，眼瞼通過反射作用關閉。

第一道防線

睫毛和眼瞼有助於保護眼睛。睫毛可防止灰塵和其他小顆粒進入眼睛，而眼瞼既可防止更大的異物及空氣中刺激性物質進入眼睛，又可在眼睛表面將眼淚擴散。

潤滑

眼淚是由上眼瞼下的淚腺產生的，可濕潤並潤滑眼睛，洗掉眼睛表面的小顆粒物。眼淚是持續不斷生成的，但是我們只在哭泣或是流淚的時候才會感覺得到。

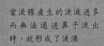

淚腺產生淚液，而淚液通過淚道慢慢進入眼睛

當淚腺產生的淚液過多而無法通過鼻子流出時，就形成了淚滴

使淚液進入鼻子的通道

圖像的形成

眼睛中產生圖像的視網膜雖然只有一個縮略圖的大小，但它能製造清晰和詳細的圖像，實在令人難以置信。我們依靠視網膜上的細胞將光線轉化成圖像。

我們是如何看見的？

圖像是在眼睛後部的一層視網膜上形成的。視網膜內的細胞對光敏感。當光線撞擊這些細胞時，就觸發了神經信號；神經信號再傳至大腦，形成圖像。視網膜包含兩種類型的光感受器細胞：圓錐細胞感受光線的顏色（波長），而桿狀細胞則不感受顏色。

甚麼是光點？

眼睛內部充滿凝膠狀液體，可以散開，從而阻擋光線的進入，並在視網膜上形成陰影。這些陰影會表現為視覺上的光點或閃爍的形狀。

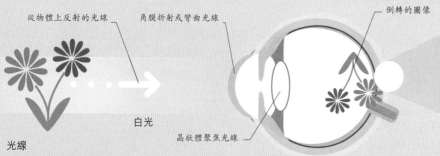

從物體上反射的光線
角膜折射或彎曲光線
倒轉的圖像
晶狀體聚焦光線

白光

光線
白光是由許多不同波長的光組成的。眼睛中的一些光感受器對光中的某些波長敏感，使我們看到顏色。

視網膜

擠滿圓錐細胞的中央凹

桿狀細胞在視網膜中心周圍最密集

桿狀細胞和圓錐細胞
雖然桿狀細胞在視網膜中心周圍最密集，但在中央區（中央凹）並沒有桿狀細胞。中央凹中擠滿了圓錐細胞，在這一小塊區域裏沒有血管，因此可以產生清晰、詳細的圖像。而在中央凹的最中心處則只含有紅色和綠色圓錐細胞。

神經前面的桿狀細胞和圓錐細胞，使神經通路暢通無阻

盲點進化論
在眼睛裏，桿狀細胞和圓錐細胞都在神經後方。神經必須從眼睛後方出來並到達大腦，但由於神經是從單一的點發出的，因此會造成一個既沒有桿狀細胞也沒有圓錐細胞的盲點。大腦通過對空白區域中的內容進行猜測以填補我們的盲點，使我們看到完整的圖像。反之，在墨魚的眼睛裏，神經位於桿狀細胞和圓錐細胞的後方，因此視物時就沒有盲點。

神經後面的桿狀細胞和圓錐細胞，部分阻礙了神經信號傳至大腦

視神經到達眼睛後方的盲點

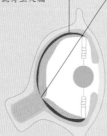 **快速閱讀**時眼睛運動一次的時間為 **20~100 毫秒**。

墨魚的眼睛

人類的眼睛

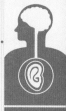

圓錐細胞傳送綠色、紅色
或藍色光線的神經信號

連接神經細胞

到達視網膜
光線在晶狀體聚焦後可通過內眼到達所在的視網
膜，到達視網膜中的光感受器——桿狀細胞和圓
錐細胞上，並觸發神經信號，這些神經信號便沿
着神經纖維傳至大腦。

桿狀細胞傳送所有顏色的
神經信號，同時也對弱光
起反應

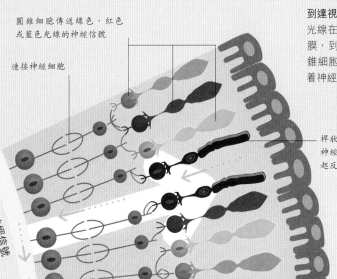

神經信號

盲點

神經纖維上傳送的
神經信號

在弱光下，花朵可能看起來
像是黑白色的

灰度視覺
桿狀細胞對光線非常敏感，
因此，使我們在昏暗的環境
下也可以看見光線，但是桿
狀細胞並不能區分不同的顏
色。在弱光環境下，圓錐細
胞不被激活，因此所看到的
物體的顏色可能是「灰色」
的。

灰色陰影

圓錐細胞可幫助我們看到
花朵的全部色彩

色彩視覺
圓錐細胞可為我們提供色彩
視覺，但只有在強光下才起
作用。眼睛裏共有三種圓
錐細胞，分別對紅色、藍色
或綠色敏感。將這三種顏色
組合起來，就形成了我們可
以看見的數百萬種不同的顏
色。

全部色彩

神經信號

神經細胞

光線通過內眼到達
眼睛後方的視網膜
上

光感受器細胞

細胞壁形成
視網膜後部

光線及神經信號
白色箭頭表示光線的
方向。綠色和藍色箭
頭指通過眼睛傳送的
神經信號。

→ 光線
⋯→ 顏色
⋯→ 黑色和白色

後像

　　當你長時間一直盯着一個圖像看時，桿狀細
胞和圓錐細胞就會產生疲勞，因此，其觸發的神
經信號就會減少。當你的目光從這個圖像移開時，
那些桿狀細胞和圓錐細胞仍然處於疲勞狀態，而
那些對光線的不同波長敏感的細胞仍然處
於活躍狀態，因此迅速觸發神經信
號。這樣就在視網膜上形
成了一個後像。試試先
盯着圖中這隻鳥看 30
秒，再將目光移到鳥
籠上。你看到甚麼？

大腦中的圖像

　　眼睛提供了關於世界的基本視覺數據，但是大腦僅從中提取有用的信息。大腦通過選擇性地改變這些信息，從而讓我們產生對於這個世界的視覺認知——感知運動和深度，並考慮光線的明暗。

雙眼視覺

　　雙眼的不同位置使得我們可以看到三維形象。它們都指向同一個方向，但稍微間隔開來，這樣在觀察同一個物體時會看到略微不同的圖像。這些圖像之間的差異程度取決於所注視的物體與人之間的相對距離，因此我們可以利用圖像之間的差異來判斷物體離我們有多遠。

視覺通路

眼睛上的信息被傳至大腦後方，並在那裏接受處理，以形成有意識的視覺。在傳送過程中，這些信號在視交叉上匯合並發生交叉，其中一半被傳送至大腦的對側半球。

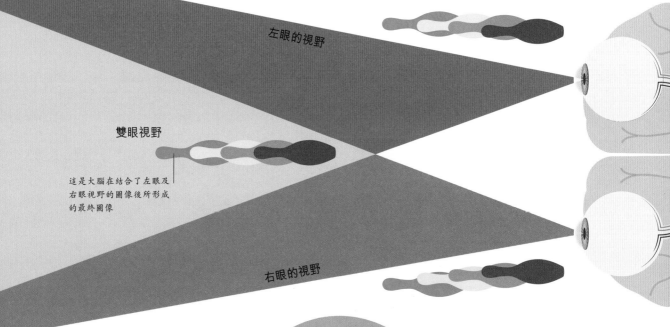

左眼的視野

雙眼視野

這是大腦在結合了左眼及右眼視野的圖像後所形成的最終圖像

右眼的視野

看到三維（立體）圖像

通過理解大腦如何進化到可以感知深度的機制，就可以運用這個原理製作 3-D 電影。電影製片人用一種上下擺動的偏振光拍攝圖像，並通過左右擺動的光線從不同角度拍攝偏移圖像。當兩隻眼睛看到這些略微不同的圖像時，就會在大腦中形成一種我們「真的」看到 3-D（三維）圖像的假象。

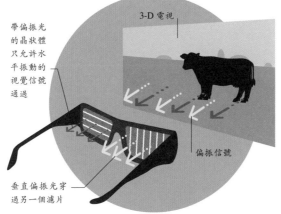

帶偏振光的晶狀體只允許水平振動的視覺信號通過

3-D 電視

偏振信號

垂直偏振光穿過另一個濾片

每秒記錄膠片的幀數為 **24 幀**。

透視

經驗告訴我們，兩條直線似乎在遠方匯合，比如鐵軌。我們可據此來估計圖像的深度，也就是說，通過與其他線索相結合，如紋理的變化及其與已知大小的物體之間的比較，我們可以估計出距離。右邊這幅圖像會令人產生一種錯覺，因為我們將收斂線理解為距離，並將汽車的大小與車道的寬度進行比較。

收斂線被理解為距離

這輛車看起來較大，但其實兩輛車大小一樣

這輛汽車看起來較小

透視錯覺

左腦

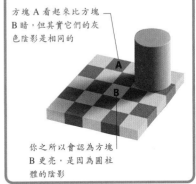

左側視束

丘腦

左側視覺皮層

右側視覺皮層

視交叉

右側視束

丘腦

右腦

左側視覺皮層接收來自兩個視網膜左側的信號

右側視覺皮層接收來自兩個視網膜右側的信號

右側視輻線是一組將丘腦的視覺信號傳送至右側視覺皮層的神經纖維

色覺恆常

我們已習慣在各種光線條件下看物體，而大腦也會考慮到這一點，並將陰影和光照的影響抵銷。這就使得我們看到的香蕉總是黃的，不管它被照得多亮。但是有時候大腦又只會看見它們所「期待」看見的。

方塊 A 看起來比方塊 B 暗，但其實它們的灰色陰影是相同的

你之所以會認為方塊 B 更亮，是因為圓柱體的陰影

移動的圖像

令人驚訝的是，眼睛並不能提供流暢的移動視覺信息。它們向大腦發送一系列圖片，就像電影或電視一樣。大腦從圖像中產生運動知覺，這就是我們很容易將電影和電視中的一幀幀圖片識別成連續運動畫面的原因。然而，這個過程也可能會出錯，因為一系列靜止的圖像有可能產生誤導。

圖像 1   圖像 2

圖像之間的真實運動

我們感知到的圖像之間的運動

圖像 3   圖像 4

視動
當車輪在兩幅圖像之間的轉動略略小於一圈時，我們在電視上看到的畫面可能就是車輪在倒退。這是由於大腦錯誤地重建了一種緩慢向後的運動所致。

眼部疾病

人的眼睛是複雜、嬌嫩的器官，隨着年齡增長，容易受到損傷，或因自然退化所致的疾病困擾。在絕大多數人的一生中，眼睛都在不同的生命階段出現過問題，但幸運的是，多數眼部疾病都可以治癒。

你為甚麼需要眼鏡？

當一個物體反射的光線在晶狀體及角膜處彎曲並在視網膜上聚焦時（參見第 80 ～ 81 頁），人們就可以看到準確、清晰的圖像。但是當這個系統稍有偏移，眼睛所看到的圖像就會變得模糊。眼鏡可以矯正過多或過少的光線彎曲，使圖像重新聚焦。目前近視的患病率似乎正在增加，這可能是由現代生活（尤其是在城市中）帶來的影響，與遠處的事物相比，我們需要更多地觀看、關注那些近處的事物。

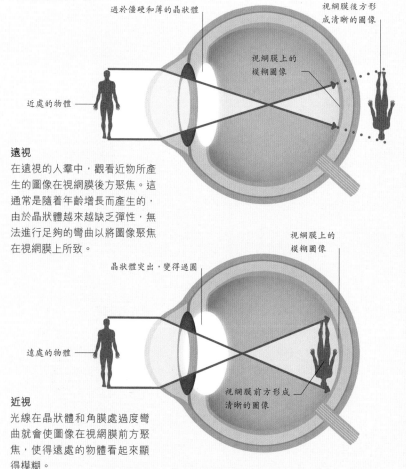

過於僵硬和薄的晶狀體

視網膜後方形成清晰的圖像

視網膜上的模糊圖像

近處的物體

遠視
在遠視的人羣中，觀看近物所產生的圖像在視網膜後方聚焦。這通常是隨着年齡增長而產生的，由於晶狀體越來越缺乏彈性，無法進行足夠的彎曲以將圖像聚焦在視網膜上所致。

晶狀體突出，變得過圓

視網膜上的模糊圖像

遠處的物體

視網膜前方形成清晰的圖像

近視
光線在晶狀體和角膜處過度彎曲就會使圖像在視網膜前方聚焦，使得遠處的物體看起來顯得模糊。

在某些**城市**裏，16 ～ 18 歲的**青少年**中**患近視**的人比率高達**90%**。

散光

最常見的散光類型是由角膜或晶狀體的形狀更像橄欖球而不是足球所致。在這種情況下，雖然圖像可以水平地聚焦在視網膜上，但是在垂直方向，圖像要麼聚焦於視網膜前方，要麼聚焦於視網膜後方（反之亦如是）。這時可以通過佩戴眼鏡、隱形眼鏡或是施行激光眼科手術來矯正。

你所看到的
眼睛散光的人所看到的垂直線或水平線都可能是模糊的，但是其他物體則可以準確聚焦。有時候，兩條線（垂直線和水平線）都是扭曲的，一條是遠視，另一條是近視。

健康的視線

沒有焦點的情況

垂直聚焦

水平聚焦

白內障

　　白內障是由一種可破壞視力的雲霧狀晶狀體導致的疾病，是全世界一半失明病例的致病原因。白內障常見於老年人，但也可能是環境因素所致，如晶狀體暴露於紫外線（UV）或受到損傷。可用手術治療白內障，即將原來的晶狀體摘除，換為人工晶狀體。

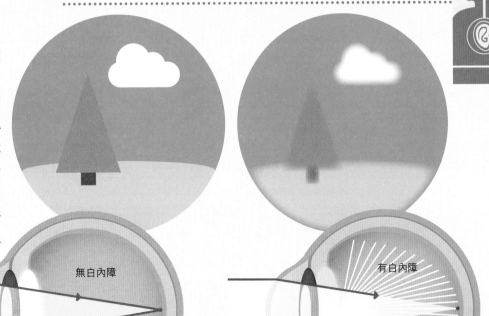

無白內障

有白內障

健康的視線
通常情況下，光線很容易就可通過晶狀體，並形成一幅清晰的圖像。

視線模糊
在白內障的情況下，晶狀體變成雲霧狀，開始褪色，由於光線比較分散，因此形成朦朧的圖像。

青光眼

　　在正常情況下，眼睛裏的多餘液體無害地流入血液中。而當引流通道不暢導致液體在眼睛內積聚，就會引起青光眼。儘管遺傳被認為是青光眼的致病機制之一，但究竟是甚麼具體原因，目前尚不明確。

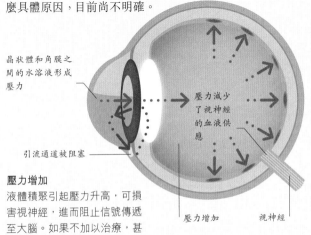

晶狀體和角膜之間的水溶液形成壓力

引流通道被阻塞

壓力減少了視神經的血液供應

壓力增加　　視神經

壓力增加
液體積聚引起壓力升高，可損害視神經，進而阻止信號傳遞至大腦。如果不加以治療，甚至會導致完全失明。

檢查視力

　　驗光師可通過視力測試來檢查眼睛看近物和遠物的能力、是否能協調工作以及眼部肌肉是否健康。他們還可檢查眼睛的內部和外部，並通過這些信息來推測一些疾病，如糖尿病以及包括白內障和青光眼在內的視力問題等。通過視力測試還可發現另一視覺問題：色盲。色盲是由於圓錐細胞缺失或存在缺陷導致的，與絕大多數正常人依靠三種圓錐細胞來視物不同，色盲患者所依靠的圓錐細胞類型不足三種。這就意味着他們會混淆一些顏色，其中最常見的是紅色和綠色。

一些人會將右側圖案中的數字看成 74，一些人會看成 21，還有一些人則看不見數字

耳朵如何運作

　　耳朵負責一項非常機靈的工作，就是將空氣中的聲波轉換為神經信號，並傳至大腦以供分析。這項工作中的一系列步驟是為了盡可能保存最多的信息。耳朵還可以放大微弱的聲音信號，並且確定聲音的來源。

將聲音傳入身體

　　當聲波從空氣傳播到液體時，由於其必須進入身體，部分被折射，因此攜帶的能量減小，聽起來更安靜。耳朵可通過逐步降低進入體內聲波的能量，從而阻止其反彈出去。當耳鼓振動時，可推動三個聽小骨中的第一個，並使其依次向前移動，推動卵圓窗，在耳蝸的液體中形成聲波。當聲音通過聽小骨時，會被放大 20～30 倍。

內耳的三個半規管是身體平衡器官，不參與聽力的範圍

半規管

錘骨是三個聽小骨中的第一個

內耳

聽小骨

振動從耳鼓傳到錘骨

耳鼓振動

中耳

減小進入身體的聲波

聲波沿着耳道進入，引起耳鼓振動。振動傳到三個聽小骨。它們轉動的方式使得它們可以通過槓桿來逐步放大振動的幅度。最後一個聽小骨將聲波推至內耳的入口——卵圓窗，振動從此處進入耳蝸中的液體。

卵圓窗是一個類似耳鼓的薄膜

耳道

耳廓（外耳）

外耳

砧骨將振動傳送到第三個聽小骨（鐙骨）

鐙骨通過一個薄膜窗口推動耳蝸中的液體

聲波進入耳道

為甚麼自己的聲音聽起來不震耳欲聾？

當我們在說話時，耳朵的敏感性就會下降，這是因為小的肌肉會使聽小骨保持穩定，以減小其振動。進入耳蝸的能量減少，因此不會對聽力造成損害。

聲波通過耳廓（或外耳）注入耳道，並提供關於聲波是來自前方還是後方的線索

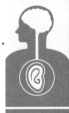

前庭神經

聽覺神經

聽覺神經向大腦
發送電信號

耳蝸

聲音通過耳蝸中
的液體

咽鼓管將耳朵與鼻子
和嘴巴連接起來

咽鼓管

耳蝸（Cochlea）這個
詞語來源於**希臘語中
的蝸牛**（Snail），因
為它**是螺旋狀**的。

不同音調的聲音

耳蝸內的基底膜與敏感的毛細胞相連。由於其硬度隨着位置的變化而改變，基底膜的不同部位會在特定頻率下達到最大振幅。因此，不同的聲音會導致不同的毛細胞偏移。大腦則通過受影響細胞的位置來推斷聲音的音調。

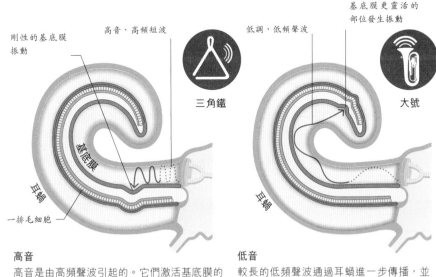

剛性的基底膜振動

高音、高頻短波

三角鐵

低調、低頻聲波

基底膜更靈活的部位發生振動

大號

基底膜

耳蝸

一排毛細胞

耳蝸

高音
高音是由高頻聲波引起的。它們激活基底膜的底端，此處的基底膜較窄、較硬，振動頻率也較高。

低音
較長的低頻聲波通過耳蝸進一步傳播，並使基底膜在其尖端附近振動，此處的基底膜較軟、較寬。

聲電轉換

聲音中的信息（包括音調、音色、節奏和強度）被轉換成電信號發送到大腦進行分析。這些信息如何編碼，目前尚未得知，但它們是通過毛細胞和聽覺神經來完成的。

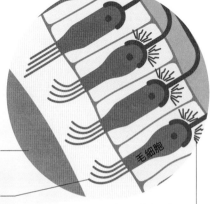

基底膜邊緣

毛細胞

毛細胞的毛髮通過基底膜的運動而發生彎曲

神經細胞被觸發，並將信號傳送至大腦

耳蝸中的位置

觸發神經
當毛細胞的敏感毛髮通過基底膜的振動而移動時，可釋放神經遞質，並在其基底部觸發神經細胞。

大腦如何形成聽覺

一旦來自耳朵的信號到達大腦，就需要進行複雜的處理來提取信息。大腦能確定聲音的類型、聲音的來源以及我們對其的感受。大腦能夠將注意力集中在一種聲音上，甚至能完全忽略不必要的噪音。

定位聲音

我們通過三條主要的線索來定位聲音的源頭，即聲音的頻率模式、響度以及到達每隻耳朵的時間差異。我們可以通過頻率模式來判斷聲音是來自前方還是後方，因為耳朵的形狀導致從身體前方傳來的聲音和從身體後方傳來的聲音的頻率模式有所不同。不過，我們的耳朵不太能定位聲源的高度。定位聲源來自左右則比較容易——來自左側的聲音在左耳處較右耳處大，尤其是高頻的聲音。左側的聲音也會在到達右耳的前幾毫秒率先到達左耳。右圖顯示了大腦如何利用這些信息。

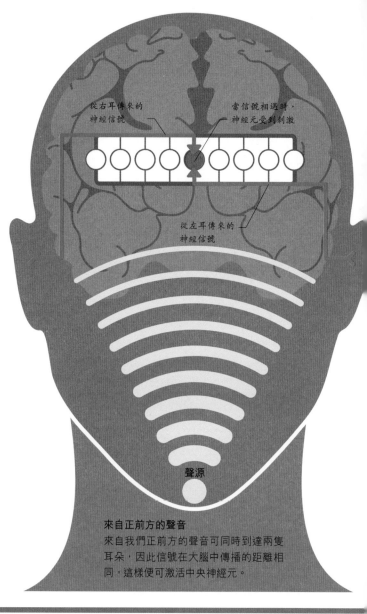

從右耳傳來的神經信號

當信號相遇時，神經元受到刺激

從左耳傳來的神經信號

聲源

來自正前方的聲音
來自我們正前方的聲音可同時到達兩隻耳朵，因此信號在大腦中傳播的距離相同，這樣便可激活中央神經元。

專注

我們的大腦可以基於聲音的頻率、音色或聲源將聲音進行分類，從而在嘈雜的環境中專注於某個對話。你看起來似乎聽不到其他人的對話，但是當有人叫你的名字時，你仍會注意到。這是因為你的耳朵依然會將其他對話的信號傳送至大腦，並且當一些重要信息從其他地方傳來時，可以「撤銷」大腦對這個聲音的「過濾」。

我們可以在嘈雜的環境中挑選我們想要聽到的對話

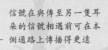 大腦中含有某些只對特定**頻率**作出**反應**的細胞，就像**內耳中耳蝸**的不同部分一樣。

信號在與傳至另一隻耳朵的信號相遇前可在本側通路上傳播得更遠

被觸發的神經元告訴我們聲音的源頭距離左耳或右耳有多遠

聲波首先到達距其更近的耳朵

不在中心的聲源
首先到達距離較近的那隻耳朵的聲音與隨後到達距離較遠的那隻耳朵的延遲時間，決定了哪個神經元會被激活。這個信息會告訴我們聲音來自何方。

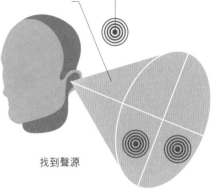

來自「混亂圓錐」中任何地方的聲音所產生的神經反應完全一樣，因此無法區分

錐外的聲音可產生獨特的神經反應，因此更容易定位

找到聲源

「混亂圓錐」
在每個耳朵外部的錐形區域，信號是模糊的，並且我們發現很難為聲音定位。把頭部傾斜或旋轉可以將聲源從這個混亂的區域移開，有助我們為聲音定位。

聲源

音樂為甚麼可以讓我們情緒化？

音樂可以引起強烈的情感反應，恐怖電影中的配樂會增強恐懼感，有些旋律縈繞心頭，讓我們不由自主地打冷顫。大腦中涉及情感的區域很廣，但是我們並不知道音樂為甚麼或何以在聽眾中產生這種戲劇性的感覺，或者為甚麼同一首歌對不同的人會產生不同的影響。

正在聆聽音樂的大腦

為甚麼我們聆聽時要停止走動？

當我們完全停止走動時可以聽得更仔細，因為這樣可以避免運動產生的聲音，使我們聽得更清楚。

平衡行為

　　耳朵除了負責聆聽，還負責保持身體的平衡，告訴我們自己運動的方式及方向。耳朵之所以能夠完成這些工作，是透過內耳（大腦兩側各有一個）中的一系列器官。

轉向與運動

　　每隻耳朵裏有三個約呈 90° 夾角的管道。其中一個對運動產生反應，如向前滾動；一個對側翻產生反應；第三個則對旋轉產生反應。液體的相對運動告訴大腦我們正在往哪個方向移動。當液體在同一方向反覆旋轉時，就會形成動量。一旦達到自旋速率，毛細胞就停止彎曲，人就感覺不到運動了。然而，當停止旋轉時，液體繼續流動，人會感覺自己還在旋轉，於是形成頭暈的感覺。

為甚麼酒精
會讓人頭昏腦脹？

酒精在內耳的前庭器官中迅速聚集，並在管道中漂浮起來。當人躺下時，前庭器官受到干擾，大腦就會認為身體在旋轉。

這條管道感受運動，比如側翻 — 半規管

每條管道的末端都有一個稱為壺腹的區域，其中含有敏感的毛細胞

半規管

壺腹

這條管道感受向前和向後的運動 — 半規管

壺腹

這條管道感受頭部的轉動或人體旋轉

壺腹

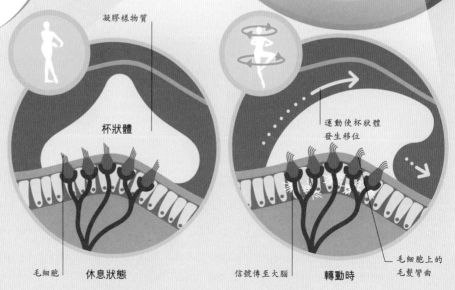

凝膠樣物質

杯狀體

毛細胞　　休息狀態

運動使杯狀體發生移位

信號傳至大腦　　轉動時

毛細胞上的毛髮彎曲

轉動感覺器官

當人移動時，管道內的液體也會移動，但是因為有慣性，需要停頓一段時間後才能開始移動。這種運動使一種稱為杯狀體的凝膠樣物質發生移位，干擾其內部的毛細胞，並將信號傳至大腦。當杯狀體向一個方向彎曲時，神經的觸發率也會隨之增加。而如果杯狀體向別的方向彎曲，則神經觸發被抑制，大腦就這樣得知我們運動的方向。

保持平衡

大腦不斷地調整肌肉的微小運動以保持身體平衡。眼睛與肌肉的神經輸入信號與來自內耳的神經信號相結合，以確定人體的運動方向。

芭蕾舞者的大腦已經適應了去抑制旋轉後**眩暈的感覺**。

迎面　　　　向右轉　　　　向左轉

校正反射

眼睛可自動校正頭部運動，使視網膜上形成的圖像保持靜止。如果沒有這種反射，我們就無法進行閱讀，因為當每一次頭部移動時，單詞都會跳動。

橢圓囊對重力和水平方向的加速度敏感

橢圓囊

球囊

球囊感知重力和垂直方向的加速度

重力和加速

除了轉動，內耳還可以感受直線加速，包括前後加速和上下加速。人體有兩個器官來感知加速度：橢圓囊對水平運動敏感，而球囊則感知垂直加速度（如升降機的運動）。這兩個器官也可以感知重力相對於頭部的方向，如當頭部傾斜或保持水平時。

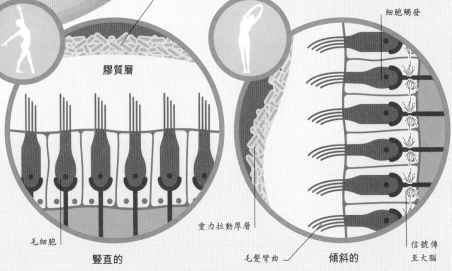

含有砂石的厚層

細胞觸發

膠質層

重力感覺器官

橢圓囊和球囊的毛細胞位於膠質層內，其頂部含有砂石結構。當頭部傾斜時，重力作用使得砂石移動，從而使毛細胞上的毛髮彎曲。在加速過程中，由於砂石質量較大，需要更長的時間才能開始移動。如果沒有其他的線索，則很難區分是頭部傾斜還是身體在加速。

毛細胞

豎直的

重力拉動厚層

毛髮彎曲

傾斜的

信號傳至大腦

聽力障礙

耳聾或聽力障礙雖比較常見，但是由於技術進步，多數可以治癒。隨着年齡增加，很多人由於內耳部件損壞而出現不同形式的聽力受損。

引起聽力障礙的原因

先天性耳聾通常是由於基因突變導致耳朵不能正常工作。而這裏所展示的聽力障礙則是由於在生活中受到損傷或疾病所致。

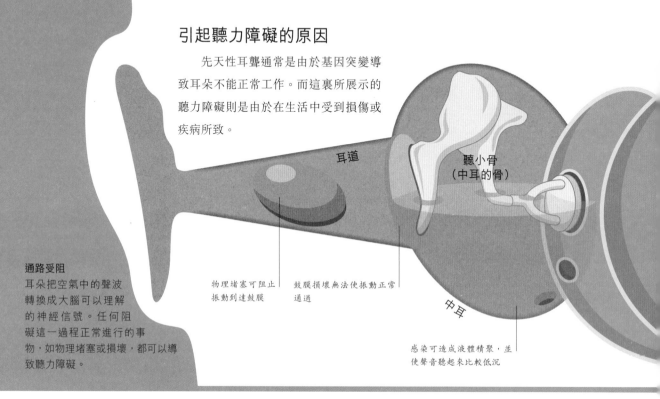

耳道

聽小骨
（中耳的骨）

通路受阻
耳朵把空氣中的聲波轉換成大腦可以理解的神經信號。任何阻礙這一過程正常進行的事物，如物理堵塞或損壞，都可以導致聽力障礙。

物理堵塞可阻止振動到達鼓膜

鼓膜損壞無法使振動正常通過

中耳

感染可造成液體積聚，並使聲音聽起來比較低沉

要多大聲才算大聲？

分貝音階呈對數增加或減小，音量每增加 6 分貝，聲音的能量就增加一倍。大的噪音可以損害毛細胞，當損害超過一定水平，毛細胞就無法自我修復，進而死亡。如果死亡的毛細胞太多，就會損失對特定頻率聲波的聽力。

引起損害
所有 85 分貝以上的噪音都會引起聽力損害，損害的程度取決於身處這一噪音環境的時間多長。

交談　車輛通過　摩托車　音樂會　槍擊聲　爆炸

分貝

10　20　30　40　50　60　70　80　90　100　110　120　130　140　150+

鐘錶的滴答聲　　輕聲細語　　電話鈴響　　原聲吉他

在 85 分貝的環境中待 8 個小時就會引起聽力損害

在 100 分貝的環境中待 15 分鐘就會引起聽力損害

在 110 分貝的環境中待 1 分鐘就會引起聽力損害

140 分貝的持續噪聲會立即造成聽力損害

從 18 歲開始，**人類將逐漸失去聽極高頻嘈音**的能力。

即使耳朵沒有受損，如果聽覺皮層受損，也可能導致耳聾

大腦

耳蝸

神經

聽覺神經受損會阻止信號到達大腦

如果毛細胞被永久性地損壞，那麼將永遠聽不見某些頻率的聲波

耳蝸的毛細胞

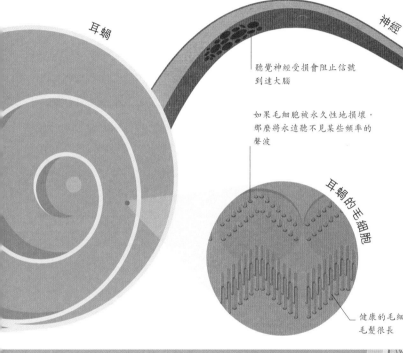

健康的毛細胞的毛髮很長

為甚麼喧鬧的噪音使耳朵產生迴響？

大的噪音使毛細胞振動得非常厲害，可使其尖端斷開，導致噪音結束後尖端繼續將信號傳送至大腦。毛細胞的尖端 24 小時內又可以再生。

人工電子耳蝸

正常的助聽器只是放大聲音，並不能給毛細胞受損或失去毛細胞的患者帶來幫助。人工電子耳蝸可替代毛細胞的功能，並將聲音振動轉換成神經信號，以便被大腦獲取。通過耳蝸內的電極的電流越多，產生的聲音越大，而激活電極的位置決定了音高。

它們如何運作

外部的擴音器可檢測到聲音，並將其傳送至處理器。信號通過傳送器進入內部接收器，隨後作為電流傳至耳蝸內部的電極陣列。受到刺激的神經末梢向大腦傳送信號，由此聽到聲音。

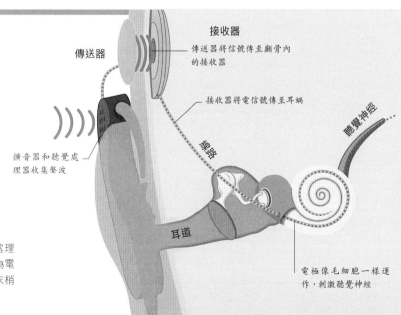

接收器

傳送器

傳送器將信號傳至顱骨內的接收器

接收器將電信號傳至耳蝸

聽覺神經

擴音器和聽覺處理器收集聲波

線路

耳道

電極像毛細胞一樣運作，刺激聽覺神經

嗅覺的形成

鼻子裏的感覺細胞可檢測到空氣中的顆粒，並將信號傳至大腦，來識別氣味。氣味可以喚起強烈的情感或記憶，因為它與大腦的情感中樞有着物理連接。

嗅覺

任何有氣味的東西都會將小顆粒或是氣味分子釋放進空氣中。吸氣時，這些小分子會進入鼻子，那裏有專門的神經細胞檢測到顆粒或氣味分子，從而產生嗅覺。當聞到氣味，吸入是自然反應。吸入的氣味分子越多，就越容易聞到氣味。吃飯的時候，我們的嗅覺和味覺常常同時起作用，這是由於我們吃到嘴裏的食物會釋放氣味分子，這些分子隨後又進入鼻腔的後部。

人類大約有 **1,200 萬個受體細胞**，可以檢測到 **10,000 種不同的氣味**！

2 鼻毛
在鼻子的入口處，鼻毛會阻擋顆粒較大的灰塵和碎屑，但能讓比這些灰塵和碎屑小百萬倍的氣味分子通過。

灰塵

新鮮的麵包

爛奶酪

氣味分子

煙味

1 嗅覺的類型
有香味的東西，如剛烤好的麵包、爛乳酪和正在燃燒的東西，均可釋放氣味分子。由於我們對某些氣味分子的敏感度高於另一些氣味分子，這些（敏感度高）的氣味分子種類決定了我們聞到的氣味以及其強度。

嗅覺喪失

嗅覺的完全缺乏稱為嗅覺缺失。有些人天生就沒有嗅覺，而有些人在感冒時或是頭部受到損傷後會喪失嗅覺。這些情況導致神經纖維的斷裂，減少傳至大腦的神經信號。嗅覺缺失的人食慾也會減退，更容易患抑鬱症，這可能是因為氣味與大腦中的情感中樞相關聯。嗅覺可以自行恢復，或通過藥物治療或手術恢復。對某些人來說，嗅覺訓練有助於嗅覺感受器細胞的再生，對恢復嗅覺有幫助。

為甚麼我們會流鼻血？

鼻腔中有一層薄薄的鼻黏膜，鼻黏膜上充滿了細小的血管。當吸入乾燥的空氣時，薄薄的黏膜形成乾皮並破裂；甚至稍微用力地擤鼻涕時，都很容易令這些細小的血管破裂。

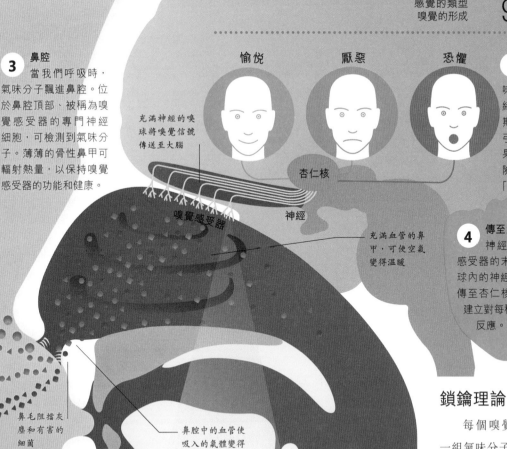

3　鼻腔
　　當我們呼吸時，氣味分子飄進鼻腔。位於鼻腔頂部、被稱為嗅覺感受器的專門神經細胞，可檢測到氣味分子。薄薄的骨性鼻甲可輻射熱量，以保持嗅覺感受器的功能和健康。

充滿神經的嗅球將嗅覺信號傳送至大腦

杏仁核

嗅覺感受器

神經

充滿血管的鼻甲，可使空氣變得溫暖

愉悅

厭惡

恐懼

5　氣味和情感
　　新鮮食物的氣味往往能激發快樂情緒。人聞到任何「過期」（食物）的味道都會引起厭惡感，提醒人（如果吃下它）會有生病的風險；而煙味可激發人體的「戰鬥還是逃跑」反應。

4　傳至大腦
　　神經信號從嗅覺感受器的末端傳遞到嗅球內的神經纖維。隨後傳至杏仁核，並在此處建立對每種氣味的情感反應。

鼻毛阻擋灰塵和有害的細菌

鼻腔中的血管使吸入的氣體變得溫暖

鎖鑰理論

　　每個嗅覺感受器都對特定的一組氣味分子產生反應，就像鑰匙只能打開與它相匹配的鎖一樣。不同的氣味可以激活不同類型的感受器，因此，我們可以識別比我們的感受器更多的氣味類型。究竟是由分子的形狀還是由其他完全不同的因素決定其是否匹配，目前尚有爭論。

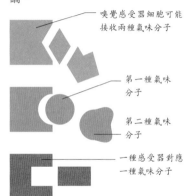

嗅覺感受器細胞可能接收兩種氣味分子

第一種氣味分子

第二種氣味分子

一種感受器對應一種氣味分子

黏液分泌腺

嗅覺感受器細胞

支持細胞

黏液

氣味分子溶解到黏液裏

嗅覺感受器
鼻腔中的氣味分子溶解到一層薄薄的黏液層中，以便這些氣味分子與嗅覺感受器的末端相結合。

舌尖

舌頭上有數以千計的化學感受器，可檢測食物中某些關鍵的化學成分，並感知為五種主要味覺之一。然而，每個人的舌頭都不一樣，這就解釋了人們對於食物的不同喜好。

味覺感受器

舌頭上滿佈微小的隆起（乳頭），含有不同的味覺感受器，可將化學物質轉換為五種基本的味道，即酸、苦、鹹、甜和鮮。舌頭表面含有五種味道的感受器，每個感受器只處理一種味道。食物的味道是一種更為複雜的感覺，其中混合了味覺和嗅覺，而嗅覺是在氣味分子從喉嚨的後部進入鼻腔時所感受到的。這就是當鼻子被堵住時，食物會變得寡淡無味的原因。

味蕾

味蕾生長於舌乳頭表面的孔隙。食物或飲料中的分子進入孔隙，並與味覺感受器細胞接觸。當某種味道被檢測到時，味覺感受器細胞便將信號傳送至大腦。在口腔內部也可找到味蕾。

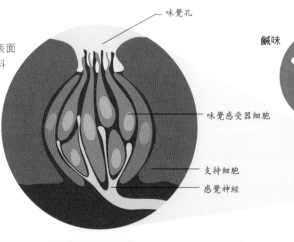

味覺孔

味覺感受器細胞

支持細胞

感覺神經

為甚麼兒童都不喜歡喝咖啡？

兒童之所以不喜歡苦味可能是人類保護自身免受毒物傷害的一種進化結果。當我們長大後，便開始學習品嚐苦味，如喝咖啡。

酸味

舌乳頭——舌頭上可看見的隆起，其中可能含有對酸、苦、鹹、甜或鮮味敏感的味蕾

苦味

鹹味

鮮味

甜味

味覺超敏感者

有些人比其他人有更多的味蕾。這些味覺超敏感者可以嚐到其他人感受不到的苦味物質，他們通常不喜歡綠色蔬菜和高脂食品。有人認為，在全世界人口中，味覺超敏感者約佔 25%。

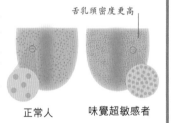

舌乳頭密度更高

正常人　　味覺超敏感者

其他感覺

　　除了五種基本的味覺外，可能還存在其他味覺。現在已發現有脂肪感受器，而一些酸性感受器與二氧化碳結合時，可影響喝汽水的味道。我們也可以感受到鈣的白堊味。金屬的味道和茶的澀味是無法用五種基本味覺來解釋的。而有一些熟悉的食物和飲料的感覺根本不是味覺，而是對熱、冷、痛和觸覺的反應。

觸覺感受器
舌頭上含有觸覺感受器，可檢測食物的質地，如碳酸飲料和其他有氣飲料的氣泡引起的感覺。

疼痛感受器
疼痛感受器可發送多種類型的疼痛信號。一些感受器對有危害作用的熱產生反應，而辣根和芥末則可激活舌頭上對癢和炎症敏感的感受器。

冷感受器
舌頭上的神經末梢可對低溫產生反應。薄荷中的薄荷醇可使這些神經末梢更加敏感，這就是薄荷使人感覺如此清新的原因。

熱和痛
熱感受器可報告食物的溫度。辣椒中的辣椒素可激活這些神經，誤導大腦以為食物在燃燒身體。

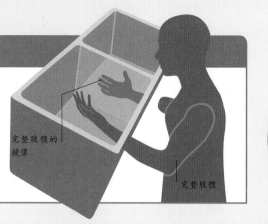

鏡盒療法

許多截肢者都遭受着「幻肢」的疼痛。大腦將肢體缺失所導致的感覺輸入理解為肌肉緊握和抽筋的感覺。通過鏡盒可以「欺騙」大腦以為「看到」了幻肢，而保留下來的肢體的運動常常可以減輕這樣的疼痛。

完整肢體的鏡像

完整肢體

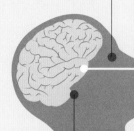

來自眼睛的視覺信息

來自耳朵的平衡信息

身體位置的感覺

當人不看自己的手的時候，如何知道它們在哪裏？有時我們將這種不用看見便可知道身體某部位所在的能力稱為「第六感」，因為身體有專門的感受器告訴大腦，其每一部分處於空間的哪個位置。我們同時也能感覺到身體屬於我們自己。

張力感受器

通過檢測肌肉張力，肌腱內的器官可以得知肌肉用了多大的力量（參見第 56～57 頁）。

肌肉

高爾基腱的器官感覺肌肉張力的變化

肌腱

骨

位置傳感器

人體內有一系列的感受器來幫助大腦計算身體的位置。肢體要移動，就必須改變關節的位置。通過關節兩側的肌肉收縮或鬆弛，來改變肌肉的長度或張力。連接肌肉和骨骼的肌腱以及關節一側的皮膚拉緊，關節另一側的皮膚則舒張。通過將這幾部分的信息結合起來，大腦就可以構建一個相當準確的身體運動圖像。

牽張感受器

肌肉中藏有微小的紡錘形感受器，可檢測肌肉長度的變化，告訴大腦肌肉收縮的情況。

肌肉紡錘形器官檢測肌肉長度的變化

神經將信號傳至大腦

肌肉

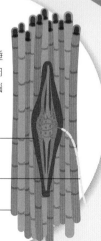

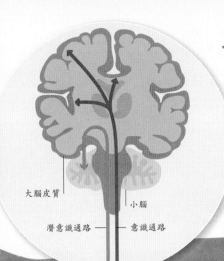

大腦皮質

小腦

潛意識通路 —— 意識通路

集成器

大腦將來自肌肉和肌肉周圍感受器的信息，以及其他感覺綜合在一起來理解身體在空間的定位。這個過程的意識部分受大腦皮層控制，允許人們跑步、跳舞或捕捉物體；而潛意識部分則受大腦底部的小腦控制，使人不假思索便能保持直立。

骨

觸覺敏感神經

關節感受器

關節內的感受器可監測關節自身的位置。當關節伸展至極限時，這些感受器的敏感程度最高，這樣有助於預防過度伸展造成的損傷。它們還可以檢測關節在正常運動中的位置。

韌帶感受器

韌帶

身體歸屬意識

人們能感覺到身體屬於自己，這種能力比表面上看起來更為複雜和靈活。這裏展示的橡膠手幻覺創造了一種「這隻假手是屬於你」的感覺。類似的技術，如使用虛擬現實耳機，可以喚起「出體」體驗。這種靈活性讓我們能面對截肢，或在失去肢體時將工具和假肢當成是身體的一部分。

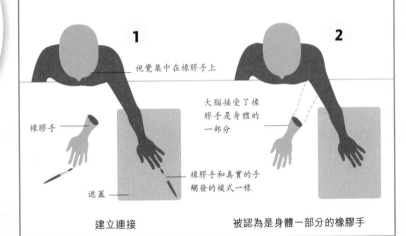

1
視覺集中在橡膠手上

2
大腦接受了橡膠手是身體的一部分

橡膠手

橡膠手和真實的手觸發的模式一樣

遮蓋

建立連接

被認為是身體一部分的橡膠手

皮膚伸展

皮膚中的特殊感受器（參見第 75 頁）可以檢測拉伸動作。這有助於我們確定肢體的運動，尤其是一側皮膚伸展而另一側皮膚鬆弛時關節角度的改變。

當你說話時，下顎肌肉和舌頭裏的**身體位置感受器**幫助你形成正確的聲音。

綜合感覺

大腦通過綜合所有的感官信息來了解周圍的世界。但是，令人驚訝的是，有時一種感覺也會改變人對另一種感覺的感受方式。

不同的感覺之間如何相互作用

人所經歷的一切都是通過感覺來理解的。當看到並拿起一件物品時，可以感覺到它的形狀和質地；當聽到聲音或聞到氣味時，會去尋找這些聲音和氣味的來源；還可以在進食之前，首先「用眼睛來品嚐食物」。大腦通過一系列複雜的處理來正確地整合這些信息。有時，這些信息的組合會引起多種感官的錯覺。如果來自不同感官的信息發生衝突，大腦就會依據當時的情況來決定傾向哪一種感覺，這個過程可能是有益的，也可能引起誤導。

聲音和視覺

當幾件事情同時發生的時候，人們常常會認為它們之間是有關聯的。例如，當你聽到從自己的車輛附近傳來的警報聲，你會忽視聲音的位置，並且認為這個警報聲就是從自己的車輛發出的。

警報聲可以與車輛分辨出來

車輛的警報聲

警報聲與車輛之間距離很近

你奔向車輛，以為它就是警報聲的來源

車輛

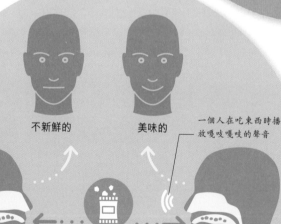

不新鮮的

美味的

一個人在吃東西時播放嘎吱嘎吱的聲音

不新鮮的薯片

味道和聲音

如果有人在吃不新鮮的薯片時聽到嘎吱嘎吱的聲音，就會認為薯片味道鮮美。因此，從商業戰術上說，生產商將薯片的袋子製成脆性的，以使得顧客在吃薯片時感覺更脆。

在嘈雜的環境中，**可以通過「讀唇語」來理解低沉的講話。**

大腦

聲音和形狀

　　當給出以下形狀，讓受試者分別為其取名為布巴（Bouba）或奇奇（Kiki）時，絕大多數人都會稱呼帶有尖尖的突起的那個形狀為奇奇，因為「奇奇」的發音比較尖；而稱圓形的形狀為「布巴」（發音比較柔和）。這種情形在各種文化和語言中都存在，表明聲音和視覺之間存在着某種聯繫。

氣味和味道

　　味覺是由原始的感覺如「甜」或「鹹」組成的簡單感覺。人們所以為的味道實際上絕大多數是他聞到的氣味，而氣味也會影響原始的味覺本身。聞到香草的味道可以使食物或飲料嚐起來更甜，但僅適用於世界上部分把香草作為常見甜品味道的地方。

香草散發出
獨特的香味

無糖雪糕吃起來
味道是甜的

虛擬手上的球與彈簧的
彈跳圖像

真實的手上所感受到
的球與彈簧的壓力

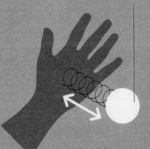

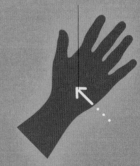

虛擬現實

真實世界

觸覺與視覺

當遊戲玩家在虛擬現實中拾取物體時，視覺線索會給他們一種物理上的感覺，即使他們的觸覺沒有給他們這樣的信息。事實上，視覺是可以影響感覺的。

發出聲音

說話是通過複雜而靈活的大腦神經通路系統和身體的協調來實現的。語氣和音調會影響單詞的發音，也可以賦予即使是最簡單句子各種各樣的意義。

3 發出聲音
呼氣的時候，氣流通過聲帶，使其振動，從而發出聲音。聲帶振動的速度決定了聲音的音調，而速度又是由喉中的肌肉所控制的。如果想要大喊，就需要更強的氣流。

聲帶振動以發出聲音

1 思考過程
首先，決定你想要說甚麼，這就激活了大腦左半球的區域網絡，包括將單詞儲存在記憶的布洛卡區。

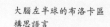

大腦左半球的布洛卡區構思語言

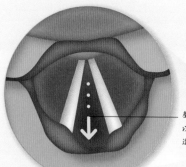

聲帶打開以使氣體進入肺部

喉

4 發音
鼻子、喉和嘴巴共同作用，產生共鳴，而嘴唇和舌頭的運動會產生特定的聲音，將聲帶發出的嗡嗡聲轉變成可以識別的語言。

2 吸入
肺部為發音提供所需要的穩定氣流。當吸氣時，聲帶打開以允許空氣通過，然後開始在肺部形成氣壓。

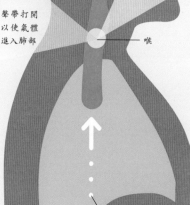

氣壓在肺部中形成

發出 "AA" 聲

發出 "EE" 聲

發出 "OO" 聲

你是怎麼講話的？

大腦、肺部、嘴巴和鼻子在講話時都起着重要的作用，但是喉頭（喉）是最重要的。喉位於頸前方，下接氣管，含有兩張在其內部延伸的膜，稱為聲帶。聲帶是產生聲音以構成語言的結構。

發出不同的聲音
舌頭在牙齒和嘴唇的幫助下，通過運動來塑造由聲帶產生的聲音。改變舌頭和嘴巴的形狀可以發出類似 "aah" 或 "eee" 的元音，而嘴唇可中斷氣流，以發出類似 "p" 和 "b" 之類的輔音。

語言的通路

大腦的每一個區域都是通過神經連接的。連接威尼克區和布洛卡區的神經束（弓狀束）是由可高速傳播神經脈衝的神經細胞組成的。

運動皮層向肌肉發出指令以清晰地回應

運動皮層

布洛卡區

連接威尼克區和布洛卡區的神經束

布洛卡區幫助傾聽者在聽到的語言內容基礎之上作出回應準備

聽覺區

威尼克區

聽覺區分析語言

威尼克區處理詞義

語言到達傾聽者的耳朵

處理語言

　　由語音引起的空氣振動到達耳朵並觸發其深處的神經細胞，再將信號傳至大腦處理。威尼克區對於理解詞彙的基本意義至關重要，而布洛卡區則負責理解語法和語氣。這兩個區域都是理解和產生語言的神經網絡的一部分。任何一個區域受損都會導致語言出現問題。

人是怎麼唱歌的？

　　唱歌時所使用的身體部位及認知網絡與說話時一樣，但是這個過程需要更好的控制。在唱歌時，氣壓更大，一些腔室，如竇腔、嘴巴、鼻子以及喉都成為了諧振器，以產生更加豐富的聲音。

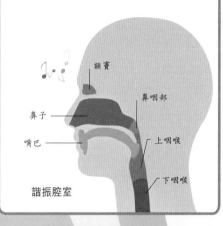

額竇

鼻咽部

鼻子

嘴巴

上咽喉

下咽喉

諧振腔室

閱讀面孔

　　我們是社會動物，故識別和理解面孔對維持生存至關重要。我們已經進化到對面孔具有足夠的辨認能力，有時甚至當它並不真正存在時，比如在某片燒焦的吐司上，我們也能辨識到！

理解面孔的重要性

　　嬰兒從出生開始就對面孔感興趣，相比其他任何東西，嬰兒更喜歡觀察面孔。隨着年齡的增長，人類不僅很快成為識別面孔的專家，而且還具備了閱讀情感表達的能力。這個能力有助於區分誰會幫助他或傷害他。被閱讀過的面孔可以在記憶中停留相當長的時間，即使他已經很多年沒有見到這個人了。

面部表情線索

當識別一張臉時，人們會看對方眼睛、鼻子和嘴巴之間的比例。這些器官的運動可以幫助人們察覺對方的情緒。比如，眉毛上揚和嘴巴張開可以向人發出表示驚訝的信號。眼睛在理解這些信號後，將神經信號傳至大腦的紡錘狀面部區域進行處理。

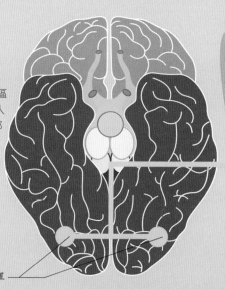

紡錘狀面部區域

大腦的這個區域稱為紡錘狀面部區域，可在觀察面孔時被激活。有人認為大腦的這個區域專門負責面部識別。然而，當看到其他熟悉的物體時，這個區域也會被激活，比如，如果你是一個鋼琴家，當你看到鍵盤的時候，這個區域就被激活了。究竟這個區域是否專門負責面部識別，尚處於爭論之中。

大腦兩側紡錘狀面部區域的位置

腦底部

識別面孔

　　人類傾向於以隨機的模式、在隨機的地點發現面孔——從汽車到烤奶酪三文治再到木屑。這是因為我們的祖先為了在複雜的社會架構中生存下來，必須能夠理解別人的面孔。

參與表情形成的肌肉

面部有拉動皮膚、改變眼睛形狀以及嘴唇位置的肌肉，可以產生多種多樣的表情。而理解他的人面部表情，可以判斷別人的心情、意圖和意思。他人的面孔告訴我們何時可以請求他的幫助、何時他需要一個人靜下來或是何時可以安慰他。即使是最細微的線索，比如蹙額或嘴唇翹起，都可以讓我們分辨出這個人是在皺眉還是傻笑。

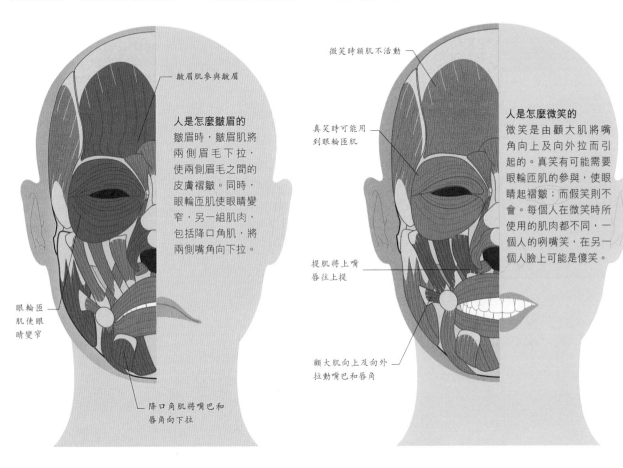

皺眉肌參與皺眉

人是怎麼皺眉的
皺眉時，皺眉肌將兩側眉毛下拉，使兩側眉毛之間的皮膚褶皺。同時，眼輪匝肌使眼睛變窄，另一組肌肉，包括降口角肌，將兩側嘴角向下拉。

眼輪匝肌使眼睛變窄

降口角肌將嘴巴和唇角向下拉

微笑時顳肌不活動

真笑時可能用到眼輪匝肌

人是怎麼微笑的
微笑是由顴大肌將嘴角向上及向外拉而引起的。真笑有可能需要眼輪匝肌的參與，使眼睛起褶皺；而假笑則不會。每個人在微笑時所使用的肌肉都不同，一個人的咧嘴笑，在另一個人臉上可能是傻笑。

提肌將上嘴唇往上提

顴大肌向上及向外拉動嘴巴和唇角

凝視和目光接觸

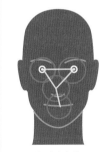

典型的凝視

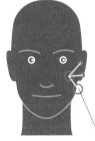

自閉症患者的凝視

自閉症患者（參見第 246 頁）在看到人臉時通常不能將目光聚焦於對方的眼睛和嘴巴。他們在社交上容易發生混淆和障礙，並且可能會在交流時錯過重要的社交線索。有自閉症傾向的嬰兒可能會表現出凝視逃避，並繼續發展成自閉症，因此凝視障礙可以作為自閉症的早期預警信號。

自閉症患者看東西的方式與正常人不同

先天性失明的人在情感被喚起時也可以產生跟**視力正常的人相同的表情。**

語言之外的表達方式

　　語言並不是人與溝通的唯一方式。除了語言，面部表情、聲音語調和手勢都是非常有意義的，注意到這些信號對於我們理解別人的真正意思至關重要。

非語言溝通

　　當人們交談時，會潛意識地從他人的聲音、面部表情及肢體動作中提取微妙的信號。當對方說話的內容模稜兩可時，正確地理解語言之外的信號就顯得至關重要了。這些信號中絕大多數都可以幫助我們衡量一個人或一羣人的情緒，以便在社交場合舉止得當。例如，在工作會議中，如果我們在等待一個合適時機表達一個很棒的想法，那麼準確地評估同事的肢體語言和情緒就顯得十分有用。

侵犯某人的私人空間會激發其恐懼、覺醒或不適的感覺。

信號的類型
人們的面部表情、手勢、肢體動作以及說話時的音調和語速都是在溝通時需要處理的信號。衣着也需要關注，因為一個人的衣着可以提供他們的性格特點、宗教信仰或文化背景方面的信息。此外，身體接觸可以增加談話時的情感份量。

面部表情

服裝類型

手勢

肢體動作

音調和語速

身體接觸

雙臂交叉，形成屏障

扭轉身體，遠離他人

頭傾斜

身體接觸

鏡像腿部

消極的　　積極的

身體語言
通常，人在說話時，身體的移動方式似乎也在告訴別人自己說話的內容。保持眼神接觸、與他人面部表情和姿勢一致以及身體接觸等，都可以被理解為積極的信號。而雙臂交叉、彎腰駝背以及遠離他人都可以產生消極的反應。

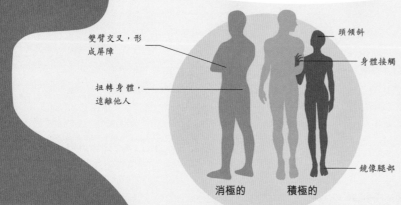

識破謊言

有時候，能欺騙周圍的人是種優點，但是能辨別他人有否說謊同樣重要。然而，在說謊時，總有一些信號使人露餡。最好的說謊者可以說服自己本來就是在講真話，而如果他真的相信自己的謊言，那麼他的肢體語言就不會出賣他。

停頓

當人說謊時，往往會有更多的停頓；因為與真實的回應相比，構思一個虛假的回應往往需要更多的時間。即使講述發生過的故事，只要對該事件的情感是不真實的，停頓仍然是說謊露餡的表徵。

手部顫動可能是說謊的跡象

手部動作

身體的動作由於未被意識加工過，往往是更可靠的說謊跡象。當人在說謊時，常常會擰手、做手勢或緊張的抽搐。

微表情

1 秒

微表情

說謊者的臉上會不自覺地出現閃電般的表情，通常是他或她想要隱藏的。這些表情持續的時間不超過半秒，普通人通常很難察覺到，但是可以被受過訓練的觀察者捕捉到。

我們能否
偵破所有謊言？

不能。每個人都有自己說謊的技巧方式。有些人可能會在說謊時停頓，另一些人可能在說謊時抽動腳趾，所以沒有一種偵破謊言的萬全之計。

某人腳趾抽搐可能是說謊的跡象

擺出超人的姿勢

肢體語言是如此的強大，甚至可以改變我們對自己的感覺。不論是男性還是女性，保持一個強勢的姿態一分鐘就可以提升體內的睪酮水平，同時降低應激激素皮質醇的水平。這樣可以提高我們的控制感，增加我們承擔風險的可能性，同時也可以改善我們在求職面試中的表現。這表明身體的動作可以影響情緒，也印證了那句古老諺語——「假裝自己可以，直到真的可以」（fake it till you make it）是多麼明智的建議！

身體的
重中
之重

吸氣

肺就像一對巨大的波紋管，通過呼吸吸入氧氣並將廢氣二氧化碳排出體外。人在休息時，每分鐘大約呼吸 12 次；而在運動時，呼吸的頻率可達 20 次以上。一個人平均每年要進行 850 萬次呼吸。

控制呼吸

在血管中化學感受器信號的作用下，呼吸速率可以加快或減慢。這些感受器可以在血管、大腦和膈肌之間形成反饋迴路。

吸氣

通過鼻子或嘴巴吸入的空氣向下依次到達氣管、左／右支氣管以及被稱為細支氣管的越來越小的氣道。在氣管與末端細支氣管之間，氣道會分岔 23 次。

反饋系統

化學感受器可以監測血液中氧、二氧化碳和酸的變化，這個信息會發送至大腦，而大腦通過反饋來控制膈肌的運動。通過增加或降低呼吸的速率及深度，使上述三種物質在血液中保持水平恆定。

1 吸氣
空氣在通過鼻子或嘴巴時會變得溫暖和濕潤。鼻毛將可能刺激咳嗽發作的粉塵顆粒過濾。引起咳嗽或激氣或過濾。

吸入氣體

氣管

舌頭

鼻腔

空氣經過喉嚨

空氣沿着氣管向下移動

細支氣管

右肺內膜

肺

血管

通往大腦的信號

大腦

神經

心臟

膈肌

化學感受器監測血液中的氧水平

神經信號的方向

發送至膈肌以控制呼吸速率的信號

感受器監測心臟血液中的氧水平

左支氣管

咽喉部

胸膜腔

細支氣管再分為微小氣道

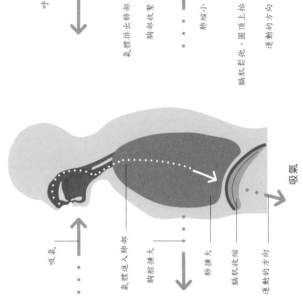

呼氣

氣體排出肺部

胸部收緊

肺縮小

膈肌鬆弛，圓頂上抬

運動的方向

吸氣

氣體進入肺部

胸腔漲大

肺漲大

膈肌收縮

運動的方向

2 進入肺部

空氣從每一級支氣管進入越來越小的氣道，並最終到達被稱為肺泡的小氣囊，充滿液體的胸膜腔將肺與胸腔分離開來。這層薄薄的液體可起到黏性潤滑劑的作用，使肺部在胸壁上滑動，並防止呼氣時肺部與胸膜分開。

將所有的氣道首尾相連可長達 2,400 公里（1,490 英里）。

驚人的面積

肺中所有微小氣囊（肺泡）的表面面積加起來可達到驚人的 70 平方米（50 平方英尺），是皮膚的表面面積的 40 倍！肺泡如此大的表面積可使人盡可能吸收最多的氧氣。

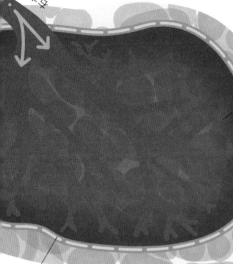

皮膚

肺部

呼吸的力學

胸部的肌肉和肋骨可影響呼吸，但是呼吸的主要動力來自膈肌。膈肌是一塊圓頂形的肌肉，可將胸腔與下部器官分隔開。吸氣時，膈肌收縮，並像活塞一樣往下拉，使肋骨抬起，這之間的肌肉也收縮，同時，肋骨之間的肌肉也收縮，使肋骨抬起，這樣，肺就膨脹開來，氣體得以進入。當膈肌和胸部肌肉鬆弛時，氣體呼出。

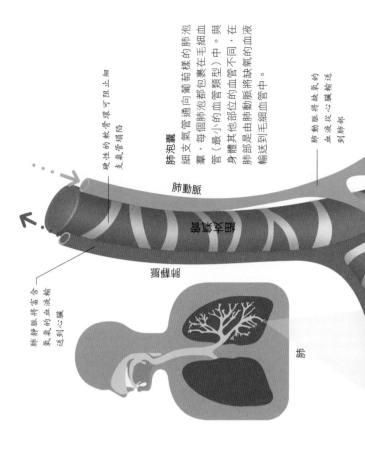

從空氣到血液

人體內的每一個細胞都需要氧氣，而肺可以非常熟練地從大氣中提取這一維持生命的氣體。提取氧氣的過程由三億個被稱為肺泡的微小氣囊完成，也正是這些肺泡，使肺部呈海綿狀質地。

肺的深處

吸入的空氣從喉嚨進入氣管，到達被稱為細小氣管的細小氣管分支。在每根細小氣管表面都覆有一層黏液，可使其保持濕潤並捕獲吸入的顆粒。此外，每根細小氣管內也配有一條條薄的肌肉。對於哮喘患者，這些肌肉突然收縮會使氣道變得狹窄，導致呼吸急促。

即使在呼出的氣體中，也含有 16% 的氧氣，足以救活一個人！

為甚麼在寒冷的天氣中，我們可以看到自己呼出的氣體？

吸入的氣體在肺部變得溫暖，故將氣體呼出時，其中的水蒸氣就凝結成雲狀的小水滴。

高海拔地區

在高海拔地區，空氣稀薄，氧氣不足。當身體檢測到血液中氧含量比正常情況下低，就會自覺進行深呼吸。

適應

那些終生生活在高海拔地區的人可能會遺傳較大的胸腔和更有效的氧氣處理基因，以應對長期的惡劣生存環境。

水土適應

到高海拔地區旅行的人可以通過產生更多紅細胞，從而在血液循環中攜帶更多的氧氣來適應這種環境。完全適應這種環境約需 40 天，但這種適應並非永久。

英尺 ×1000　　30　　20　　10　　0

永久的

暫時的

米 ×1000　10　9　8　7　6　5　4　3　2　1　0

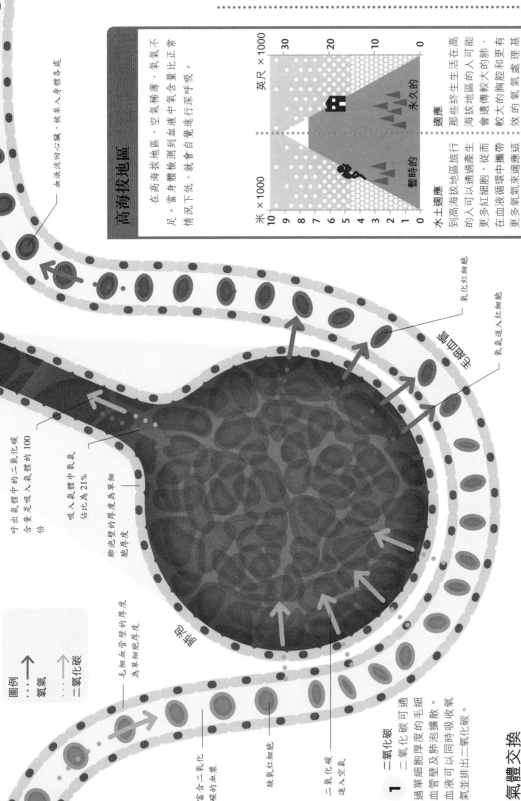

血液流回心臟，被系入身體各處

氧化紅細胞

氧氣進入紅細胞

2 氧氣
吸入的氧氣從肺泡擴散到血液中，並被血液中的紅細胞捕獲，使血液和紅細胞顏色鮮紅。

1 二氧化碳
二氧化碳可通過單細胞厚度及肺泡壁的毛細血管壁及肺泡擴散。血液可以同時吸收氧氣並排出二氧化碳。

呼出氣體中的二氧化碳含量是吸入氣體的 100 倍

吸入氣體中氧氣佔比為 21%

肺泡壁的厚度為單細胞厚度

肺泡

毛細血管壁的厚度為單細胞厚度

富含二氧化碳的血漿

缺氧紅細胞

二氧化碳進入空氣

圖例
氧氣
二氧化碳

氣體交換

毛細血管與肺泡之間的接觸非常緊密，因此，氣體可以迅速地進行交換。二氧化碳離開血液與氣體發生交換，而新的含氧血液通過心臟泵出從而走遍身體各處。由於在單次呼吸中，並不會將所有吸入的氧氣全部呼出，因此肺中就混合了缺氧和富氧氣的氣體，這正是呼出的氣體中也含有氧氣的原因。

我們為甚麼呼吸？

通過呼吸進入身體的氧氣對於維持生命至關重要，因為我們利用氧氣來產生能量。全身最小的血管毛細血管，可將氧氣輸送至組成身體的 50 兆個細胞。每個人每天大約需使用 550 公升 (968 品脫) 氧氣。

缺氧的血液

血紅蛋白

使血液變得鮮紅
紅細胞中充滿了一種叫做血紅蛋白的色素 (有色蛋白質)。當氧氣被吸收至血液中時，會與血紅蛋白中的鐵原子結合，這樣就增潤了血紅蛋白的顏色，使血液變得鮮紅。

能量氧

血液將氧氣輸送到身體的每一個細胞。每一個細胞在化學反應中利用氧來分解從食物中攝入的糖以產生能量。這個過程被稱為細胞呼吸，在身體中持續不斷地發生；其副產品是二氧化碳，會通過靜脈輸送到肺部，再由呼吸排出體外。

在血紅蛋白內，氧分子與鐵原子相結合

氧分子

紅細胞失去氧，也因此喪失其顏色 (紅色)

富含氧氣的紅細胞

缺氧的體細胞

氣體交換

氧從高濃度（紅細胞）之處擴散或流向低濃度之處（體細胞）。同樣，二氧化碳從高濃度的體細胞擴散或流向低濃度的紅細胞。

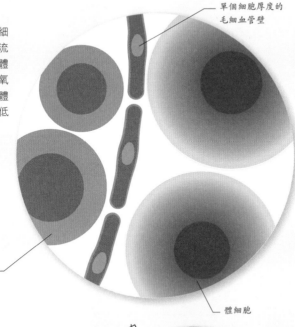

單個細胞厚度的毛細血管壁

紅細胞

體細胞

纖幼的毛細血管

毛細血管將微小的動脈（小動脈）和細小的靜脈（小靜脈）連接起來。毛細血管的薄壁可允許氧氣和二氧化碳進行交換。毛細血管非常細，因此可以進入從骨骼到皮膚的任何身體組織，但是其寬度僅夠紅細胞通過。有時，紅細胞甚至需要改變形狀才能從某些毛細血管中擠過去。

人的毛髮
0.08 毫米

毛細血管
0.008 毫米

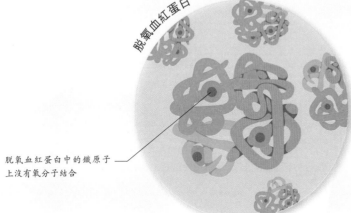

脫氧血紅蛋白

脫氧血紅蛋白中的鐵原子上沒有氧分子結合

藍色的血？

當血紅蛋白攜帶氧氣時，稱為氧合血紅蛋白。當它將氧氣釋放後進入體內的組織時，變為脫氧血紅蛋白，同時顏色也變為深紅色（缺氧血液的顏色）。即使靜脈在皮膚下看起來是藍色的，但是血液的顏色並不是真正的藍色。

當屏住呼吸的時候，**血液**中仍然有足夠的**氧**，可以使人在**幾分鐘**之內**保持清醒**。

沒有氧氣的紅細胞

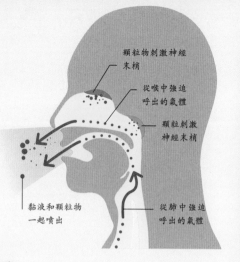

噴嚏

　　這種反射的目的是去除鼻腔中的刺激物，可由吸入的顆粒、感染或過敏物質觸發。

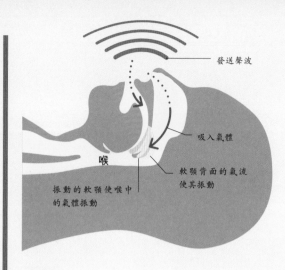

打鼾

　　睡覺時上氣道的部分塌陷會導致打鼾。打鼾時，舌頭向後倒，軟顎隨着呼吸振動。

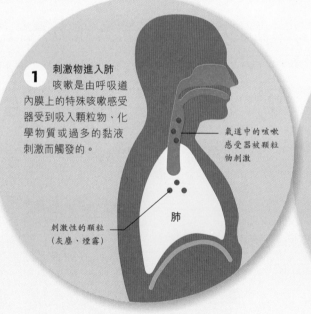

1 刺激物進入肺
　　咳嗽是由呼吸道內膜上的特殊咳嗽感受器受到吸入顆粒物、化學物質或過多的黏液刺激而觸發的。

氣道中的咳嗽感受器被顆粒物刺激

肺

刺激性的顆粒（灰塵、煙霧）

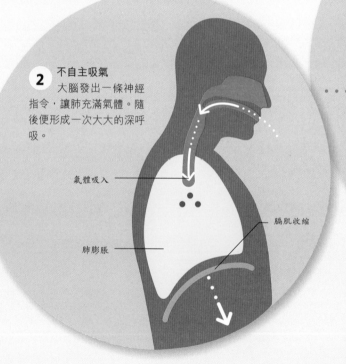

2 不自主吸氣
　　大腦發出一條神經指令，讓肺充滿氣體。隨後便形成一次大大的深呼吸。

氣體吸入

膈肌收縮

肺膨脹

咳嗽和打噴嚏

　　呼吸系統會在沒有意識控制的情況下突然開始活動。這種反射動作伴隨咳嗽和打噴嚏，去除氣道中的顆粒物。而打嗝和打呵欠的作用則更為神秘。

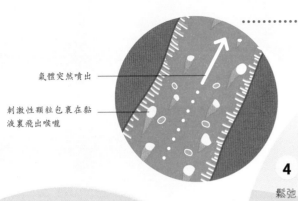

氣體突然噴出

刺激性顆粒包裹在黏
液裏飛出喉嚨

4 氣體噴出
胸肌用力收縮，膈肌
鬆弛。聲帶突然打開，將刺
激物咳出體外。

聲帶將喉嚨開放

氣體噴出

刺激物被
排出體外

3 壓力增大
聲帶突然關
閉，膈肌開始鬆弛，
導致肺部的氣壓上
升。

聲帶將喉
嚨關閉

肺部的氣壓
上升

空氣從肺部
湧出

胸肌收縮

來自膈肌的
壓力

膈肌鬆弛、
抬高

會厭突然關閉

發出聲音

氣體進入

打嗝

打嗝是指膈肌的快速、不自主收縮，
有時不止一次的膈肌收縮會導致氣體湧進
肺中。此時可以聽見喉嚨中被稱為會厭的
軟骨瓣突然關閉，這就是打嗝，雖然我們
並不知道自己為甚麼這樣做。

肺膨脹

膈肌痙攣

打呵欠

令人驚訝的是，專家直到現在
還沒有弄清楚人為甚麼會打呵欠。
因為打呵欠是可以相互「傳染」的，
一些科學家認為，在人類過去的進
化中，打呵欠可被用來告訴部落或
族羣中其他成員我們
已經累了，甚至還
有助於使羣體的
睡眠模式同步。

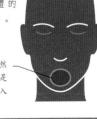

打呵欠時，雖然
嘴巴大張，但是
並不能增加吸入
的氧氣量

血液的諸多功能

　　心臟和血管中所含血液的總量約為 5 公升（10.5 品脱），這些血液可運輸全身細胞所需或其產生的所有物質，包括氧氣、激素、維他命及廢物。血液可將食物中的營養物質輸送到肝臟進行加工，將毒素輸入肝臟進行解毒，並將廢物和多餘的液體輸送到腎臟，隨尿液排出體外。

血液是由甚麼組成的？

　　血液是由一種稱為血漿的液體組成的，當中漂浮着數十億個紅細胞、白細胞和血小板（參與凝血過程的細胞碎片）。血液中同時還含有在血漿中運輸的廢物、營養物質、膽固醇、抗體和蛋白凝血因子。人體小心翼翼地控制着血液的溫度、酸度及鹽的水平，如果這些指標變化太大，血液和細胞就不能正常運作。

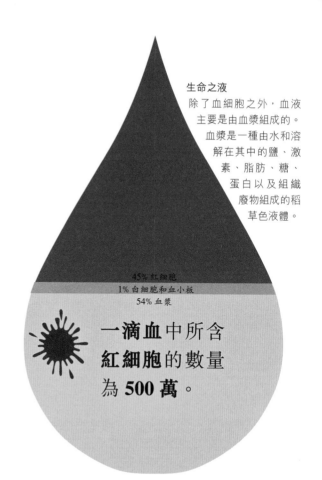

生命之液
除了血細胞之外，血液主要是由血漿組成的。血漿是一種由水和溶解在其中的鹽、激素、脂肪、糖、蛋白以及組織廢物組成的稻草色液體。

45% 紅細胞
1% 白細胞和血小板
54% 血漿

一滴血中所含**紅細胞**的數量為 **500 萬**。

氧氣的運輸

　　絕大多數的氧氣都是在紅細胞內運輸的，也有一小部分氧氣溶解在血漿中。當一個紅細胞從肺中收集到氧氣後，需要花費大約一分鐘在全身完成一次循環。在這個循環中，氧氣擴散至組織中，二氧化碳被吸收進血液中。隨後，失去氧氣的紅細胞再次進入肺部，釋放出二氧化碳，開始新的循環。

血液是在哪裏產生的？

奇怪的是，血液實際上是在扁平骨骼（如肋骨、胸骨和肩胛骨）的骨髓中產生的，而且每秒鐘就可以產生數百萬個血細胞！

雙循環組織
失去氧氣的血液從心臟的右側泵入肺部，而來自肺部富含氧氣的血液則從心臟的左側泵入全身各處。

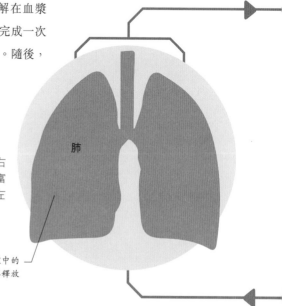

肺

肺吸收氣體中的氧氣並將其釋放入血液中

身體需要甚麼物質？

身體的活細胞需要各種各樣的物質來幫助它們正常地發揮作用。而血液則攜帶這些重要的物質，如氧氣、鹽、燃料（以葡萄糖或脂肪的形式）以及構建蛋白質的氨基酸，用於細胞的生長和修復。此外，血液中還攜帶激素，例如腎上腺素，這些激素都是可影響細胞行為的化學物質。

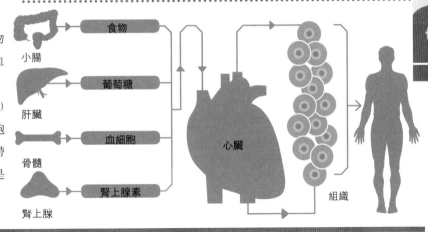

身體不需要甚麼物質？

廢物，如乳酸是正常細胞在行使其功能時產生的副產品。血液迅速將這些廢物帶走，以防止體內穩態失衡；其中一些廢物被運送至腎臟，並隨着尿液排出，另一些被運至肝臟，轉化成細胞所需要的某些物質。

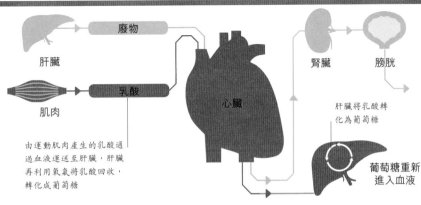

由運動肌肉產生的乳酸通過血液運送至肝臟，肝臟再利用氧氣將乳酸回收，轉化成葡萄糖

肝臟將乳酸轉化為葡萄糖

葡萄糖重新進入血液

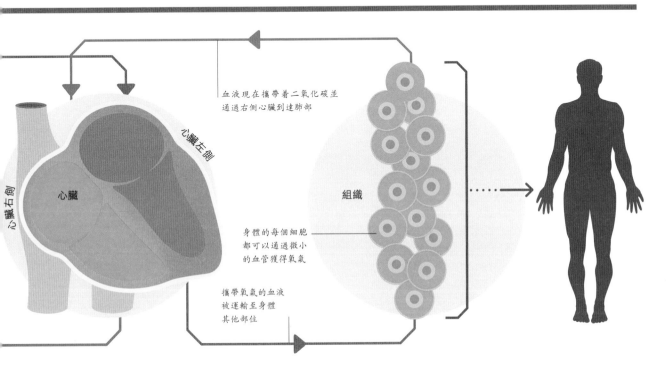

血液現在攜帶着二氧化碳並通過右側心臟到達肺部

身體的每個細胞都可以通過微小的血管獲得氧氣

攜帶氧氣的血液被運輸至身體其他部位

心臟是如何跳動的

心臟是一個如拳頭大小的肌肉器官，大約每分鐘進行 70 次收縮和舒張。這種運動可以保持血液在肺和身體的各處流動，輸送生命必需的氧氣和營養物質。

心臟循環

心臟是分為左右兩半的肌肉泵。每一半心臟又可以進一步分為兩個腔室，上方為心房，下方為心室。心臟的瓣膜可以防止血液回流，使血液沿着正確的方向流動。心肌上的竇房結是自然的起搏器，可以產生電信號，使心肌在收縮和舒張之間循環。心臟右側有節奏地將血液泵入肺中，而心臟左側有節奏地將血液泵入身體其他部位。

心電圖（ECG）記錄
心臟內的電脈衝可以通過電極記錄為心電圖。每一次心跳都能在心電圖儀上產生特定的軌跡。心跳在心電圖紙上顯示的形狀由五部分組成：P、Q、R、S 和 T，每一部分都是心跳週期特定階段的標誌。

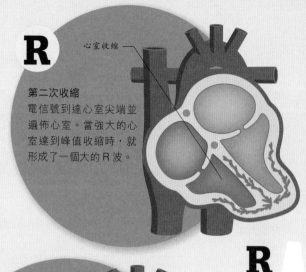

R

心室收縮

第二次收縮
電信號到達心室尖端並遍佈心室。當強大的心室達到峰值收縮時，就形成了一個大的 R 波。

R

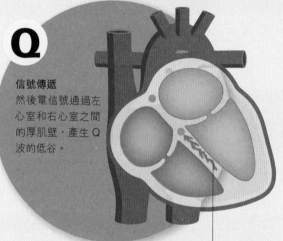

Q

信號傳遞
然後電信號通過左心室和右心室之間的厚肌壁，產生 Q 波的低谷。

電信號在心室壁之間傳導

P

P

竇房結（自然起搏器）

第一次收縮
肌肉細胞的電活化使心房收縮，推動血液通過瓣膜進入心室並在心電圖上產生 P 波。

電信號通過心房壁傳播

心房收縮

血液進入心室

Q

心跳聲是怎麼形成的？

心臟有四個瓣膜，它們成對地打開
和關閉時，就產生了我們熟悉的、
有節拍的心跳聲。

電信號是如何傳播的

心臟的起搏器竇房結，是一個
位於右心房上方的肌肉區域。竇
房結首先產生一個電脈衝，並通過
特殊的神經纖維在整個心臟上傳
導。心肌細胞很熟練地傳遞這些電
信息，因此心肌就可以有規律地收
縮；首先是兩個心房收縮，隨後是
兩個心室收縮。

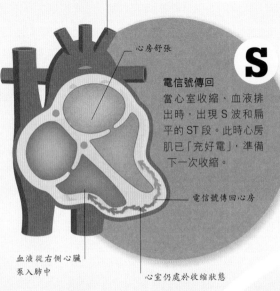

來自肺部富含氧氣的
血液被泵至全身各處

心房舒張

S

電信號傳回

當心室收縮、血液排
出時，出現 S 波和扁
平的 ST 段。此時心房
肌已「充好電」，準備
下一次收縮。

血液從右側心臟
泵入肺中

電信號傳回心房

心室仍處於收縮狀態

T

自然起搏器

特殊的細胞

作為心臟天然起搏器的心
肌細胞是有「漏隙」的，
可允許離子（帶電粒子）進
出。這樣就產生了一個規
律的電脈衝，引起心臟跳
動。心肌細胞具有分支纖
維，可將電信息迅速傳播
至鄰近的心肌細胞。

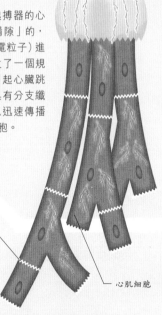

電流

心肌細胞

T

心臟再充電

心電圖上最後的 T 波出
現在心室肌細胞充電
或再次極化時。當心
肌細胞為下一次收
縮準備時，心臟處
於休息狀態。

心肌細胞再充電

S

心臟**每搏動一
次**，心室就**泵出
70毫升**（2 1/3 盎
司）**血液**，大約
相當於一個**獻血袋容
量**的五分之一。

血液是怎麼輸送的

血液流經動脈、毛細血管和靜脈。動脈具有彈性的肌壁，可以平穩地從心臟泵出血液；而靜脈壁較薄，可以通過擴張來降低血壓。如果血壓升得太高，會增加心臟病或中風的風險。

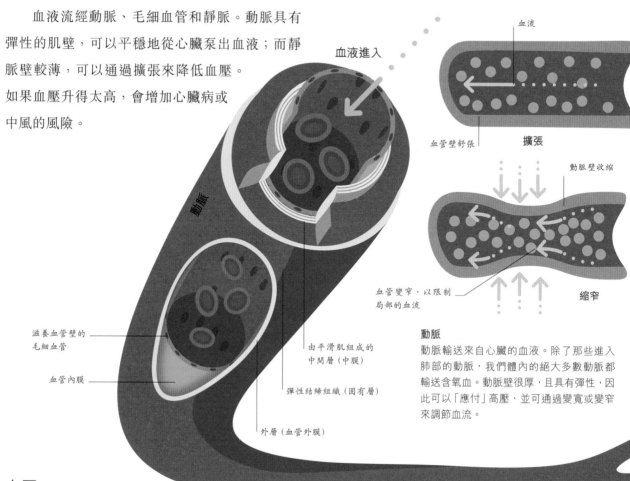

血液進入

血流

血管壁舒張

擴張

動脈壁收縮

血管變窄，以限制局部的血流

縮窄

滋養血管壁的毛細血管

血管內膜

由平滑肌組成的中間層（中膜）

彈性結締組織（固有層）

外層（血管外膜）

動脈

動脈

動脈輸送來自心臟的血液。除了那些進入肺部的動脈，我們體內的絕大多數動脈都輸送含氧血。動脈壁很厚，且具有彈性，因此可以「應付」高壓，並可通過變寬或變窄來調節血流。

動脈分裂成更細的小動脈

血壓

動脈中的血液隨着心跳搏動，因此其內壁的壓力也隨之上下波動。動脈血壓在心臟收縮後的瞬間（收縮壓）是最高的，而在心臟舒張期間的休息狀態是最低的（舒張壓）。由於毛細血管網非常龐大，因此其血壓相比其他動脈要低得多；也正因為其數量龐大，才能廣泛地將壓力分散。當血液到達靜脈時，血壓最小。

血壓的範圍

血壓的單位是毫米汞柱（mmHg），正常血壓範圍在120和80毫米汞柱之間。儘管毛細血管和靜脈中的血壓很低，但也不會低至0毫米汞柱。

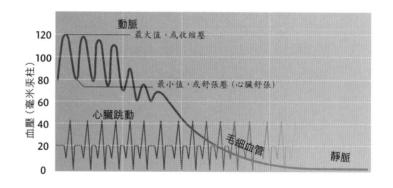

動脈

最大值，或收縮壓

最小值，或舒張壓（心臟舒張）

心臟跳動

毛細血管

靜脈

血壓（毫米汞柱）

120
100
80
60
40
20
0

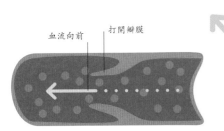

血流向前　打開瓣膜

瓣膜打開

關閉瓣膜　血流無法回流

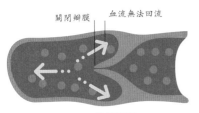

瓣膜關閉

靜脈
靜脈將血液運回心臟。靜脈裏的壓力非常低
（5～8毫米汞柱），而雙腿中的長靜脈含有單向
瓣膜系統，以阻止重力作用下的血液回流。

毛細血管

血液流出

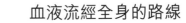

血液流經全身的路線

血液從心臟泵出後進入大動脈，大動脈
再分成小動脈。血液在小動脈處進入毛
細血管網。在肺部的毛細血管網中，
血液收集氧氣，並釋放二氧化碳。
在身體的毛細血管網中，血液
釋放氧氣並收集二氧化碳。
隨後血液流入小靜脈，
小靜脈再匯合到大靜
脈，最終回到心臟。

靜脈

平滑肌層

固有層

瓣膜

血管內膜

毛細血管
毛細血管通過在全身組織
中的精細分支來形成一個廣
泛的網絡。一些毛細血管的入口
受到肌肉環（括約肌）的保護，
可在適當時候關閉那部分毛細血
管網。

小靜脈匯合形成更大的靜脈

小靜脈

測量血壓
測量血壓時，首先在手臂上纏繞一
根袖帶並逐漸向裏面充氣，直到壓
力大到可以阻止動脈的血流。然
後，慢慢釋放壓力，直到血液剛剛
能從袖帶通過，這樣就產生了一種
清晰的聲音，此時血壓計上所顯示
的血壓就是準確的收縮壓。當袖帶
壓力繼續下降至血流不再受到任何
限制時，聲音就停止了，此時血壓
計上所顯示的血壓即為舒張壓。

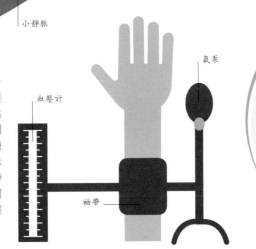

氣泵

血壓計

袖帶

為甚麼高血壓是有害的？
高血壓可以損害血管內膜，從而
引起膽固醇沉積斑塊的形成，進
而加速動脈硬化和收窄。

血管破裂

血管滲透全身的組織，其薄壁可允許氧氣和營養物質通過，但也很容易受損。血管修復系統可以使血液凝固，從而快速修復損傷，但有時不必要的凝血可導致血管堵塞。

瘀傷

當身體某部分受到撞擊時，細小的血管可能會破裂從而使血液滲入周圍的組織中。有些人，尤其是老年人比其他人更容易受傷。有時，這與凝血障礙或缺乏某些營養物質有關，比如缺乏維他命 K（用於產生凝血因子）或維他命 C（用於產生膠原蛋白）。

為甚麼坐長途飛機可能會導致靜脈血栓？

由於血流緩慢，即使是健康的血管內也可能出現血凝塊，尤其是在保持數小時久坐不動的情況下。這樣的血凝塊（或是血栓）會堵塞靜脈。

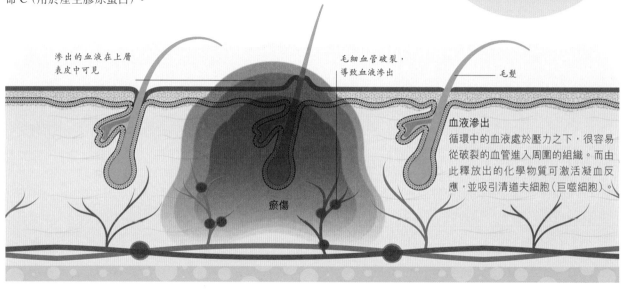

滲出的血液在上層表皮中可見

毛細血管破裂，導致血液滲出

毛髮

瘀傷

血液滲出
循環中的血液處於壓力之下，很容易從破裂的血管進入周圍的組織。而由此釋放出的化學物質可激活凝血反應，並吸引清道夫細胞（巨噬細胞）。

凝血

當血管受到損傷的時候，必須很快使其癒合，以阻止血液流失。凝血過程涉及一系列複雜且有序的反應，血液中失去活力的蛋白在過程中被激活並修復血管的損傷。同時，血管自身可能會收縮，以減慢血流，從而減少從循環中流失的血液。

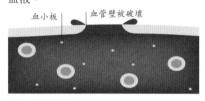

血小板　血管壁被破壞

1 初始開放
暴露在破裂血管壁的蛋白如膠原蛋白會立即吸引稱為血小板的細胞碎片。

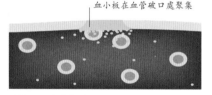

血小板在血管破口處聚集

2 形成血凝塊
血小板聚集在一起，並釋放可使纖維蛋白（血液循環中的一種蛋白質）形成纖維的特殊化學物質。

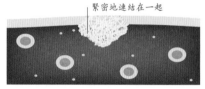

纖維蛋白中的纖維將血小板緊密地連結在一起

3 「網住」血凝塊
充滿黏性的纖維蛋白纖維網形成一個將血小板連結起來的網絡，同時將血細胞聚集在該網絡內，形成血凝塊。

瘀傷是如何癒合的

瘀傷會使皮膚呈現紫色，這是位於皮膚下面缺氧血細胞的顏色。清道夫巨噬細胞在清理創傷區域時將溢出的紅細胞回收，並首先將血紅素轉化成綠色，再轉化為黃色。

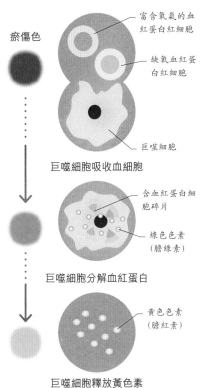

瘀傷色

富含氧氣的血紅蛋白紅細胞

缺氧血紅蛋白紅細胞

巨噬細胞

巨噬細胞吸收血細胞

含血紅蛋白細胞碎片

綠色色素（膽綠素）

巨噬細胞分解血紅蛋白

黃色色素（膽紅素）

巨噬細胞釋放黃色素

靜脈曲張

人類是高等動物，僅用兩條腿直立行走，其代價就是靜脈曲張。腿上的長靜脈使血液逆着重力的方向運動。在體表靜脈中，這些瓣膜可能塌陷，導致血液淤積，並形成隆起。靜脈曲張可能是遺傳性的，也可能是由妊娠期壓力增加所致。

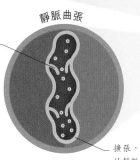

健康的靜脈

血管回流受到限制

健康的靜脈

靜脈中有一系列瓣膜阻止血液的回流。這有助血液在整條腿的靜脈中克服重力作用，一直向上流回心臟。

靜脈曲張

瓣膜徹底翻轉，使血液倒流

壓力增加

當脆弱的瓣膜翻轉時，重力會導致血液倒流並在靜脈內積聚；而由此產生的壓力增加會導致靜脈擴張和扭曲。

擴張、扭曲的靜脈

血凝塊瓦解，並被酶分解

血管壁修復

④ 血凝塊溶解

修復傷口的細胞同時也會釋放一些可緩慢破壞血小板／纖維蛋白血凝塊的酶，這個過程稱為纖維蛋白溶解。

堵塞的血管

血壓升高或高血糖會慢慢地破壞動脈壁。血小板黏附在損傷區域以修復損傷。如果血液中的膽固醇水平也很高，就會滲入並積聚在受影響的區域，導致動脈狹窄並限制血液流動。如果為心肌供血的動脈受到影響，則可能導致心臟病發作。如果流向大腦的血流減少，則會影響記憶。

紅細胞

動脈壁斑塊聚集

脂肪沉積

死亡的血細胞和脂肪

血管堵塞

血流受限

脂肪沉積可以在動脈的受損區域聚集，形成斑塊。這些沉積物可導致動脈狹窄和僵硬，並限制血流。

心臟毛病

心臟是一個非常重要的器官，當它停止泵血時，細胞就無法獲取需要的氧氣和營養物質。而如果沒有氧氣或葡萄糖，大腦就不能正常工作，人也就失去了意識。

易受損傷的血管

與身體其他部位的肌肉相比，心肌需要更多的氧氣。雖然心肌並不能從各個心腔中的血液裏吸收氧氣，但是心臟有自己的冠狀血管為其提供氧氣和營養物質。左冠狀動脈和右冠狀動脈相對比較狹窄，容易硬化和皺縮（縮窄），這種可能危及生命的冠狀血管變化稱為動脈粥樣硬化。

大笑真的是
最好的良藥嗎？

這很可能是真的——大笑可以增加血流，並使血管壁放鬆。

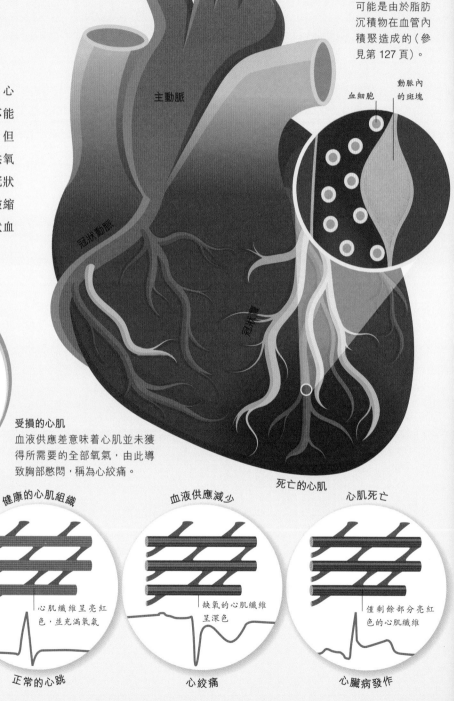

血流受限
冠狀動脈變狹窄可能是由於脂肪沉積物在血管內積聚造成的（參見第 127 頁）。

血細胞　　動脈內的斑塊

主動脈

冠狀動脈

冠狀靜脈

受損的心肌
血液供應差意味着心肌並未獲得所需要的全部氧氣，由此導致胸部憋悶，稱為心絞痛。

死亡的心肌

降低氧氣供應
心臟有專門的心肌細胞，其分支纖維可迅速傳播電信息。心電圖（ECG）上的特徵性改變有助醫生診斷胸痛究竟是由於心臟血液供應差（心絞痛），還是由於心肌細胞死亡（心臟病發作）而導致的。

健康的心肌組織　　　血液供應減少　　　心肌死亡

心肌纖維呈亮紅色，並充滿氧氣　　　缺氧的心肌纖維呈深色　　　僅剩餘部分亮紅色的心肌纖維

正常的心跳　　　　心絞痛　　　　心臟病發作

心律問題

　　如果心臟跳動得太快、太慢或不規則，醫生就會將其診斷為心律失常或異常的心動節律。大多數心律失常都不會對身體造成傷害，例如可伴隨心悸或心跳暫停感的期前搏動。心房顫動是最常見的嚴重心律失常類型，其中心臟（心房）的兩個上腔室（心房）跳動不規則而且快速。這會導致頭暈、氣促和疲勞，同時也會增加中風的風險。有些心律失常可以採用藥物治療，而有些則需要除顫來使節律復元並使電活動回復正常。

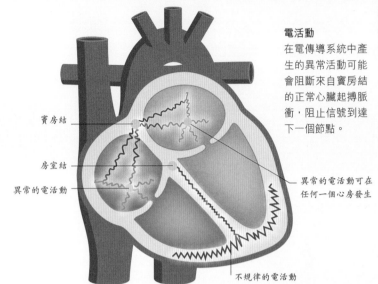

寶房結

房室結

異常的電活動

電活動
在電傳導系統中產生的異常活動可能會阻斷來自寶房結的正常心臟起搏脈衝，阻止信號到達下一個節點。

異常的電活動可在任何一個心房發生

不規律的電活動

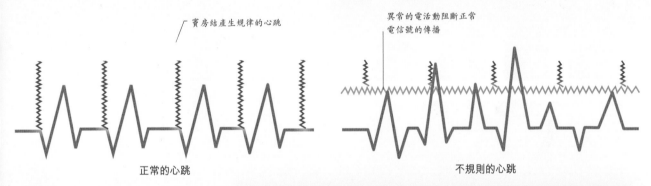

寶房結產生規律的心跳

異常的電活動阻斷正常電信號的傳播

正常的心跳

不規則的心跳

電干擾
心臟協調的跳動依賴從寶房結傳來的信號清晰地到達心室。如果電信號異常，阻礙寶房結信號繼續向下傳播，心臟收縮的節律就會受到干擾，因而變得不規律。

心臟除顫

　　一些危及生命的心律失常可以通過除顫來治療。治療通過將一束電流送到胸腔，試圖重建正常的心電活動和收縮。只有當「可導致休克」的心律（如心室顫動）存在時，除顫才能起作用。如果檢測不到心臟的電活動（心臟停搏），除顫器就無法重新使心臟開始搏動。心肺復甦可觸發電活動，因而也可以嘗試用來除顫。

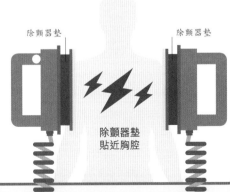

除顫器墊

除顫器墊

除顫器墊貼近胸腔

人的**心臟**每年**跳動**超過 **3,600 萬次**，而以平均壽命來計算，人一生中心臟大約會跳動 **28 億次**。

運動和其極限

短跑或慢跑時，會有額外的血液泵入肌肉，提供產生能量的重要成分——氧氣。進行有規律的深呼吸，可為肌肉補充氧氣，並調整運動節奏。

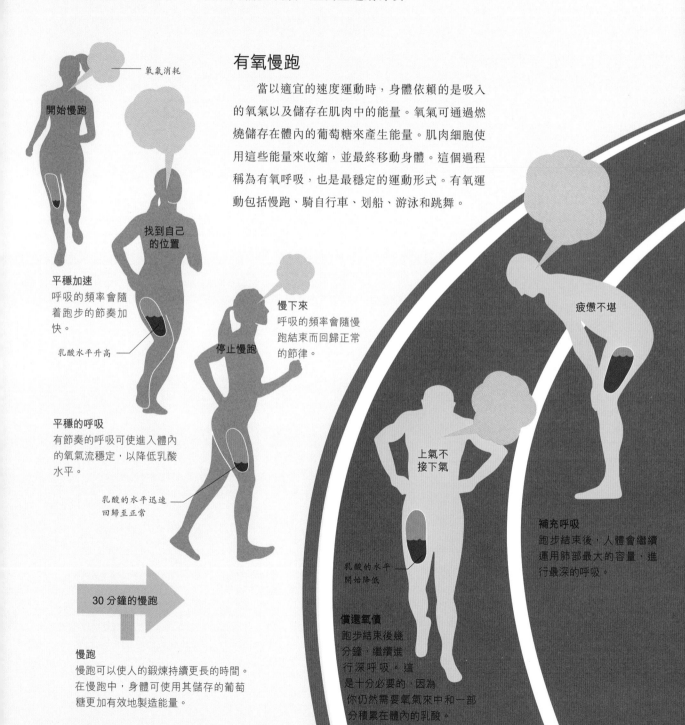

有氧慢跑

當以適宜的速度運動時，身體依賴的是吸入的氧氣以及儲存在肌肉中的能量。氧氣可通過燃燒儲存在體內的葡萄糖來產生能量。肌肉細胞使用這些能量來收縮，並最終移動身體。這個過程稱為有氧呼吸，也是最穩定的運動形式。有氧運動包括慢跑、騎自行車、划船、游泳和跳舞。

氧氣消耗

開始慢跑

找到自己的位置

平穩加速
呼吸的頻率會隨着跑步的節奏加快。

乳酸水平升高

平穩的呼吸
有節奏的呼吸可使進入體內的氧氣流穩定，以降低乳酸水平。

乳酸的水平迅速回歸至正常

停止慢跑

慢下來
呼吸的頻率會隨慢跑結束而回歸正常的節律。

疲憊不堪

上氣不接下氣

乳酸的水平開始降低

補充呼吸
跑步結束後，人體會繼續運用肺部最大的容量，進行最深的呼吸。

償還氧債
跑步結束後幾分鐘，繼續進行深呼吸。這是十分必要的，因為你仍然需要氧氣來中和一部分積累在體內的乳酸。

30 分鐘的慢跑

慢跑
慢跑可以使人的鍛煉持續更長的時間。在慢跑中，身體可使用其儲存的葡萄糖更加有效地製造能量。

到達極限

在運動的過程中，乳酸在體內積聚是導致疲勞的原因。乳酸可干擾肌肉的收縮，進而引起身體的疲憊感。清除乳酸需要氧氣，這也就是人在運動之後還要進行深呼吸的原因。在有氧運動和無氧運動中都會產生乳酸的積聚，但是乳酸積聚的速度在無氧運動中更快。腦細胞只能燃燒葡萄糖作為燃料，因此，當肌肉運動耗掉身體所有可用的葡萄糖時，也會產生精神的疲勞。

肌肉中的乳酸效應

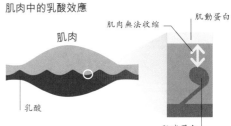

肌動蛋白
肌肉無法收縮
肌肉
乳酸
肌球蛋白

全身都運動起來

乳酸很快在肌肉中積聚。吸氧量滯後。

發揮自己

蹲下

已準備好進行深呼吸。

就位

到達極限

高水平的乳酸

← 30 秒衝刺

衝刺

在短時間內劇烈運動會導致身體低效地產生能量，釋放出大量乳酸，引起「燒灼感」。

轉折點

開始感到頭暈，並有「燒灼感」。乳酸的水平最終會達到肌肉無法再進行收縮的程度。人體會盡可能地進行深呼吸，以最大限度地吸入氧氣。

無氧衝刺

在劇烈運動中，身體需要能量的速度比人體提供氧氣以產生能量的速度要快得多。然而，在沒有氧氣的情況下，肌肉也可以繼續分解葡萄糖，這稱為無氧呼吸。無氧呼吸對短期的「爆發性」能量消耗大有裨益，但是這個過程卻在肌肉中產生了過量的乳酸，導致運動不可持續。此時，就需要更多氧氣，但並不是為了幫助燃燒葡萄糖，而是將積累的乳酸轉化為葡萄糖以獲取將來需要的能量。這個過程被稱為「償還氧債」，使得人在緊張衝刺之後的一段時間裏上氣不接下氣。

水化

運動時喝水有助通過出汗調節體溫，並沖走乳酸。血漿中的水通過汗液排出體外，所以血液會變得黏稠，心臟也需要更加用力，才能將血液泵遍全身各處。這就是所謂的「心臟漂移」，也就是人類不能持續進行有氧呼吸和慢跑的原因之一。

充分水化：
75%

水化的安全上限：
70%

更健和更壯

可以使心跳加速，呼吸更深的運動稱為心血管運動，它有助增強心臟功能及改善耐力。另一方面，讓肌肉重複收縮的運動稱為阻力訓練，可使肌肉變得更加強壯。

心血管運動

當進行心血管運動時，比如慢跑、游泳、騎自行車或急步走，心血管系統就會得到訓練。你的心率上升，心臟跳動得更快，以泵出更多血液到達全身各處，尤其是到達可影響呼吸深度的胸肌處。由於此刻對氧氣的需求量增加，呼吸頻率和深度都會相應上升。在血液中，也會盡可能地攜帶更多氧氣，為身體提供所需要的能量。

斜角肌收縮，抬高肋骨

肋間內肌收縮，令肋骨向下傾斜

隨着肌肉收縮、肋骨傾斜，肺的容積縮小

鎖骨

胸部的肌肉
頸部、胸壁、腹部和背部的肌肉協調運動，通過擴張和縮小胸腔來增加肺呼出和吸入的氣體量。

胸骨

肺

肋骨

肋間外肌收縮，令肋骨向上傾斜

腹直肌把肋骨向下拉

由於肋骨向上傾斜，肺容積增加

外斜肌收縮並縮短，把肋骨向下拉

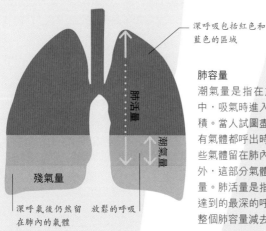

深呼吸包括紅色和藍色的區域

肺活量

潮氣量

殘氣量

肺容量
潮氣量是指在放鬆呼吸過程中，吸氣時進入肺中的氣體體積。當人試圖盡力將肺中的所有氣體都呼出時，仍然會有一些氣體留在肺內不能被呼出體外，這部分氣體體積稱為殘氣量。肺活量是指在訓練時可以達到的最深的呼吸，其大小為整個肺容量減去殘氣量。

殘氣量

深呼氣後仍然留在肺內的氣體　**放鬆的呼吸**

吸入　　　　　　　　呼出

阻力訓練

　　舉重訓練可以鍛煉肌肉，但是舞蹈、體操和瑜伽也有相同效果，因為它們都是阻力訓練。重複動作是指一個完整的運動動作。一套訓練是指一組可重複收縮某個特定肌肉，或某幾個特定肌肉的連續性重複動作。可以通過選擇在一定時間內進行有選擇性的訓練，來使特定的肌肉生長。在一組練習中，能夠重複的次數越少，說明所進行的練習難度越大。

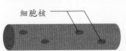
細胞核

運動開始前的肌纖維

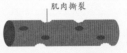
肌肉撕裂

運動開始後的肌纖維

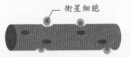
衛星細胞

在休息期間的肌纖維

哪種運動能燃燒更多脂肪？

這取決於個人，但是心肺和重量訓練結合的運動會比只做單一類型的運動燃燒更多脂肪。

重複訓練動作

腹直肌

弓形姿勢

做瑜伽是使肌肉穩定生長的好辦法。將身體彎成弓形可以使腹直肌收縮和輕微撕裂。重複做這個動作可以促進肌肉的生長。

肌肉生長過程

運動可撕裂肌纖維，然後通過衛星細胞修復。雖然肌纖維是單體細胞，但也有很多細胞核，可以與衛星細胞及其細胞核進行融合，生長為新的肌纖維細胞。在運動期間，肌纖維收縮，但是來自衛星細胞的細胞核卻保留下來，並在再次訓練之後迅速恢復其大小。

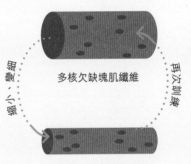

縮小、變細

多核欠缺塊肌纖維

再次訓練

幾個月欠缺運動的肌纖維

運動時的心率

　　鍛煉的強度可以用最大心率的百分比來表示。慢跑時，大約使用了心臟潛能的50%。達到巔峰狀態的運動員可以最大限度地發揮他們心臟的功能，即是100%。健身教練可以在人們健身時給予一個目標心率，但這個目標心率因每個人的年齡而異。

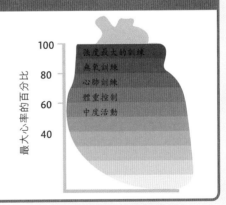

最大心率的百分比

強度最大的訓練
無氧訓練
心肺訓練
體重控制
中度活動

100
80
60
40

睡覺時，身體會釋放可**刺激肌肉生長的激素。**

健康最大化

做運動是保持身體健康的必要條件，而定期訓練則可以改善身體的整體素質。身體將逐步適應艱苦的訓練，肌肉變得更強壯，呼吸變得更深，同時精神狀態也得到改善。

定期運動的正面效果

如果經常做運動，你會發現自己的身體得到了廣泛的改善。絕大多數時候，成年人僅需每天做 30 分鐘輕快運動就可獲益；而對孩子來說，每天至少需要四處跑動 1 小時。使自己保持活力對於改善器官和肌肉是至關重要的，通過規律的重複運動，可使身體的各個系統更加高效地運轉，最終以最好的狀態發揮作用。

大腦

心臟

肺

肝臟

氧氣吸入

運動可以增強胸部肌肉，使肺盡可能地擴張。因此，肺所能容納的氣體量會增加，呼吸頻率也會上升，使得在運動和休息的時候，也可以吸收更多氧氣。

隨着每一次運動，呼吸越來越深

動脈直徑增加

運動時，神經信號會促使動脈擴張（或變寬），從而增加血流量，這樣可以將更多的含氧血液輸送到肌肉。如果運動比較規律，動脈在運動時的直徑會變得更寬，以最大限度地增加到達肌肉的氧氣量。

動脈變寬

代謝系統改善

代謝過程在肝臟發生

新陳代謝的速率就是指體內化學過程的速度，例如消化食物或是燃燒脂肪。運動可以產生熱量，並加速這些過程，這種效應甚至在運動完後仍然存在。

認知能力改善

規律的運動可增加
輸送至大腦的血
液、氧氣和營養物
質。反過來，也會
刺激大腦之間形成新
的連接，改善一般的心
智能力。運動還可以提高
大腦中神經遞質（如血清
素）的水平，從而改善情
緒。

心肌更強壯

心肌纖維的體積增加，但與
身體其他地方肌肉通過衛星細胞來
增加不同，心肌纖維是靠自身長得更強壯
來達到增加的效果。心臟的收縮能力也變得
更強，可使血液更全面地分佈於全身各處，並
降低靜息心率。

肌肉更強壯

擁有強壯的肌肉可
以增加體力、增強骨
骼、改善姿勢、增加
柔韌性以及在運動和休息
時消耗的能量。同時，強壯的
肌肉也更能承受由運動造成
的傷害。

生理極限

對於大多數人來說，剛開始一個訓練項目會帶
來很大的好處，因為體能是在一個未經訓練的水平
上增加的。當接近自己的生理極限時，想要取得進
一步的改進就變得異常困難了。每個人都有各自不
同的生理極限，取決於年齡、性別以及其他遺傳學
因素。通過更高強度的訓練項目，可以更快地到達
自己的生理極限。最佳的運動員會探索他們的極
限，並尋找機會突破這個極限。

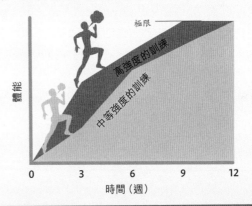

靜息心率

運動員的心率在休息時比較低，因為長期的訓
練增強了他們的心肌力量。與未經訓練的人相比，
運動員的心臟收縮能力更強，每一次心跳所泵出的血
液可以更有效地分佈於全身組織。一個訓練有素的
運動員在休息時的脈搏可能低至每分鐘 30～40 次。

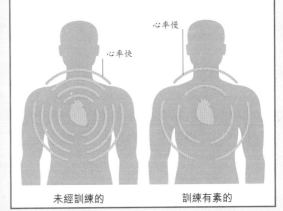

未經訓練的　　　　　　　訓練有素的

物質的

進　出

為身體補充必需物質

　　雖然身體可以製造很多重要的化學物質，但是身體需要的很多物質都必須從食物中獲取。為身體提供燃料所需的能量完全是通過攝入食物所獲得的。一旦營養物質被吸收入血液，它們就會被輸送到身體的各個部位，並被分配到無數的任務中去。

如果身體沒有獲得
所需的營養物質會怎樣？

　　身體系統會開始衰竭，也可能會患上營養缺乏的疾病。例如，如果食物中長期沒有礦物質，骨骼就不能正常地生長。

碳水化合物
碳水化合物是大腦的主要能量來源。富含纖維的全穀類食物及水果和蔬菜是碳水化合物的健康來源。

水
人體大約 65% 是由水組成的。水分會不斷地通過呼吸和出汗流失，因此，為身體補充水分是至關重要的。

蛋白質
蛋白質是所有細胞的主要結構成分。蛋白質的健康來源包括豆類、瘦肉、奶製品和雞蛋。

糖類

氨基酸

消化道

身體需要甚麼

　　人體需要從食物中獲得六種基本的營養物質以維持正常的身體功能，包括：脂肪、蛋白質、碳水化合物、維生命、礦物質和水。後三種營養物質的顆粒非常小，可以直接被腸黏膜吸收，但是脂肪、蛋白質和碳水化合物則需要被化學分解為更小的顆粒後再被吸收。這些小顆粒分別是糖類、氨基酸和脂肪酸。

脂肪
脂肪是一種豐富的能量來源，有助吸收脂溶性的維他命。脂肪的健康食物來源包括奶製品、堅果、魚類以及植物油。

脂肪酸

維他命
　　身體需要在維他命的幫助下製造某些物質。例如，在各種組織中都發揮作用的膠原蛋白需要維他命 C 來生成。

礦物質
礦物質對於生成骨骼、毛髮、皮膚和血細胞至關重要。礦物質還能增強神經功能，有助將食物轉化為能量。

眼睛的構建

身體的每一個組織都是通過從食物中吸收的營養物質來建立和維持的。例如，眼睛的組織是由氨基酸和脂肪酸來構建的，並且依靠糖類來提供能量。眼睛的膜和各空間內充滿了液體，而視覺形成的基礎——即將光線轉變為電脈衝這一過程，需要維他命和礦物質。

肝臟可以**儲存**供**身體使用2年**的**維他命A**。

細胞膜

眼睛（以及身體其他部位）的所有細胞都被膜包圍着，這些膜是由脂肪酸和蛋白質所構建的。

能量

眼睛是大腦的延伸，而且就像大腦一樣，眼睛也需要碳水化合物中的糖分來獲取能量。

視力之糧

與身體所有的器官一樣，眼睛要保持正常的功能運轉，也需要六種必需的營養物質。這些營養物質構建眼部結構，並幫助其向大腦發送視覺信息。

液體

眼睛內充滿了液體，以維持眼睛的壓力，並為眼內組織提供營養和水分。這種液體中98%是水。

組織結構

睫毛由角蛋白組成，而角蛋白是由氨基酸構成的。眼睛的其他組織是由膠原蛋白構成的。

視覺

維他命A與眼睛中的蛋白質結合，形成視覺色素。當光線照在細胞上時，維他命A會改變形狀，並向大腦發送電脈衝。

紅細胞

眼睛的組織需要被紅細胞氧化，而紅細胞又需要血紅蛋白及礦物鐵來運送氧氣。

食物攝入的原理

進食是把食物分解成可被腸道吸收小分子從而進入血液的的過程。對於食物來說，整個過程需要經過長達 9 米（30 英尺）的旅程到達一系列器官。這些器官統稱為腸道或是胃腸道。

食物在體內的旅程

食物的「旅程」通常從一頓開胃的餐食開始，最後到走遍所時結束。期間，食物在經過口腔、胃、小腸和大腸的四個階段中，分別釋放出不同的營養物質。在過程中，肝臟和胰腺、瘦蛋白激素（瘦素）和飢餓激素也會起一定作用。食物通過全身平均需要 48 小時。

營養物質的吸收

某些營養物質所需的吸收時間比其他營養物質長。大部分營養物質都在小腸被吸收。

→ 維他命
→ 糖類
→ 氨基酸
→ 礦物質
→ 脂肪酸
→ 水
血流

飢餓

進食幾小時後，胃開始分泌飢餓激素，由此向大腦發送飢餓信號。腸道也開始準備容納食物。

飢餓激素發出的信號就使我們感覺到飢餓

瘦素發出的信號使我們感覺到飽脹

進食前

「我很餓」

「我很飽」

進食後

滿足感

當進食足夠的食物後，脂肪組織就會釋放瘦素。這標誌着大腦將腸道恢復到「待命」模式。

飢餓和滿足感

當感到飢餓的時候就會吃東西，而感到飽脹感時就不再繼續吃了。然而，不論是飢餓感還是飽脹感，都不受人體自身的控制。當體內營養素不足時，胃就會釋放飢餓激素，使人感覺到飢餓；而當人飽腹時，脂肪組織就會釋放瘦素，以抑制食慾。

下丘腦

口腔

血流

食道

1 口腔和食道

進食的第一個階段是通過咀嚼將食物機械性地咬碎。這個過程可將食物與唾液混合在一起，而唾液很可以對食物進行化學性消化。然後食物被吞進去，並到達食管（參見第 142 頁）。

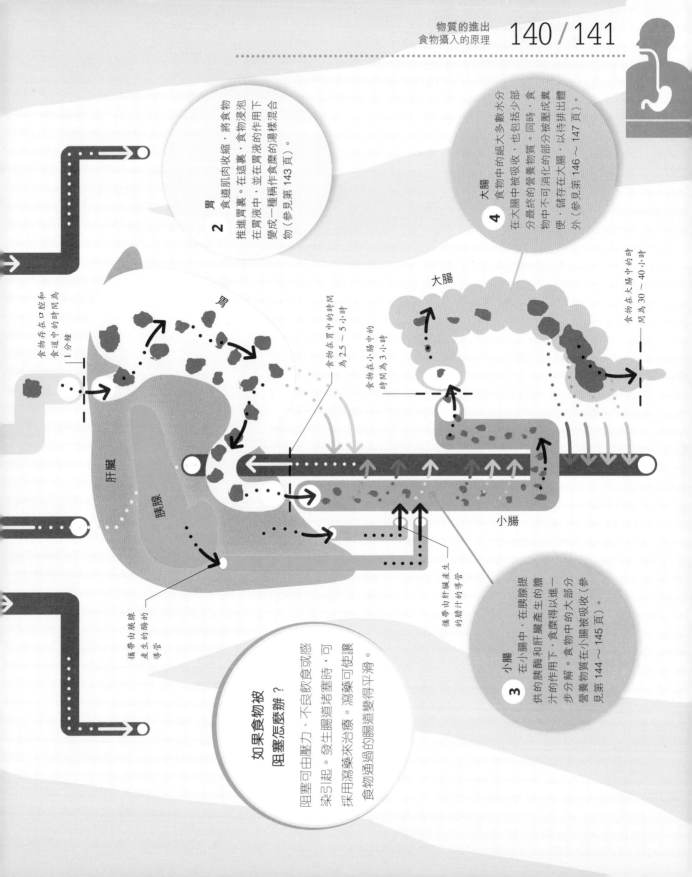

2 胃

食道肌肉收縮,將食物推進胃裏。在這裏,食物浸泡在胃液中,並在胃液的作用下變成一種稱作食糜的湯樣混合物(參見第143頁)。

4 大腸

食物中的絕大多數水分在大腸中被吸收,也包括小部分最終可消化的營養物質。同時,食物中不可消化的部分被壓成糞便,儲存在大腸,以待排出體外(參見第146～147頁)。

食物存在口腔和食道中的時間為1分鐘

咽

肝臟

胰腺

攝帶由胰腺產生的酶的導管

攝帶由肝臟產生的膽汁的導管

食物在胃中的時間為2.5～5小時

食物在小腸中的時間為3小時

大腸

小腸

食物在大腸中的時間為30～40小時

3 小腸

在小腸中,在胰腺提供的胰酶和肝臟產生的膽汁的作用下,食糜得以進一步分解。食物中的大部分營養物質在小腸被吸收(參見第144～145頁)。

如果食物被阻塞怎麼辦?

阻塞可由壓力、不良飲食或感染引起。發生腸道堵塞時,可採用瀉藥來治療。瀉藥可使讓食物通過的腸道變得平滑。

從口腔開始

食物在體內經過漫長而曲折的「旅程」。這趟旅程始於在口腔的短暫停留以及在胃中的一場「胃酸浴」。消化第一階段的目標是將食物變成食糜（一種湯樣的營養物質混合物），再被移至小腸中進行加工處理。

一路向南

從口腔到胃的路徑是垂直的，兩者之間由食道相連。

食物在重力和食道肌肉收縮（稱為蠕動波）的作用下被推向更下方的消化管道。

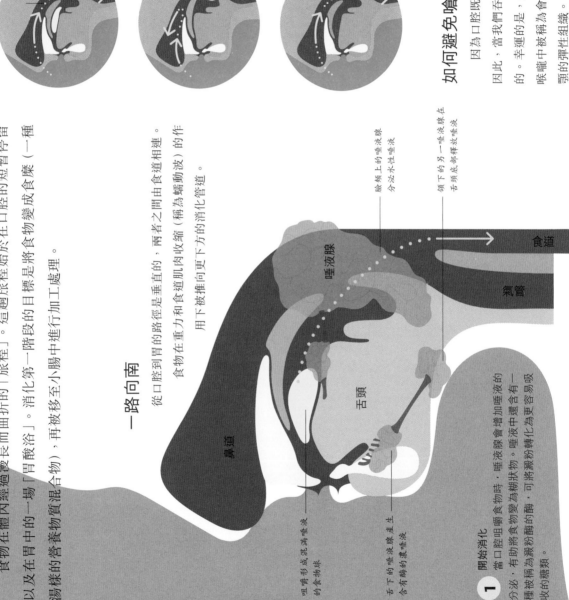

鼻道

唾液腺

舌頭

臉頰上的唾液腺
分泌水性唾液

頷下的另一唾液腺在
舌頭底部釋放唾液

食道

潰瘍

1 開始消化

當口腔將食物嚼食物時，唾液腺會增加唾液的分泌。有助將食物變為糊狀物。唾液中還含有一種被稱為澱粉酶的酶，可將澱粉轉化為更容易吸收的糖類。

咀嚼形成混濕潤
的食物球

舌下的唾液腺產生
含有酶的濃稠唾液

咀嚼

當食物到達口腔時，會厭開放，會提起來以使氣管開放。這使得人在咀嚼食物時通過鼻子呼吸。

氣體進入 ← 會厭提起來

軟顎上升

吞咽

在吞咽時，會厭向下，氣管關閉。同時，軟顎上升，堵塞鼻腔。

軟顎上升
會厭向下

準備好再次咀嚼

當食物進入食道時，會厭和軟顎會恢復到原來的位置。這使得人能夠重新呼吸和咀嚼。

會厭提起來

如何避免嗆咳

因為口腔既可以攝入食物，又可以進行呼吸，因此，當我們吞咽食物時，將氣管關閉是至關重要的。幸運的是，身體有一對內置的「安全裝置」，即喉嚨中被稱為會厭和上顎一片被稱為軟顎的彈性組織。

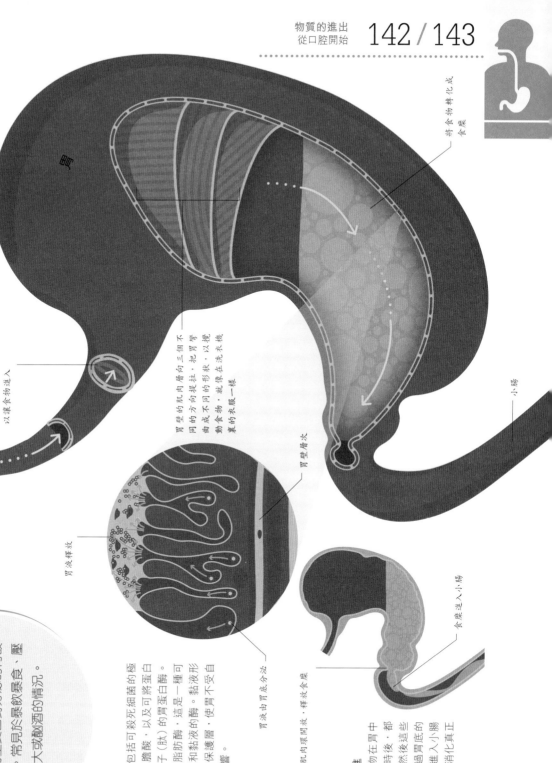

將食物轉化成
食糜

2 食物進入胃中

食物通過肌肉環進入胃中。幾小時後，食物會被胃中三種不同的肌肉攪動。在人終乎不到的劇烈過程中，食物與胃壁腺體分泌的胃液混合在一起。

食道中的肌肉波
將食物向下運輸

咀嚼食物球

肌肉環鬆弛，
以讓食物進入

胃壁的肌肉層向三個不同的方向收縮，把胃彎曲成不同的形狀，以攪動食物，就像在洗衣機裏的衣服一樣

胃壁皺水

胃液釋放

小腸

食糜進入小腸

胃液由胃底分泌

肌肉環開放，釋放食糜

我們為甚麼會消化不良？

消化不良，或常說的「燒心」，是指胃壁受自身分泌的胃酸侵蝕，常見於暴飲暴食、壓力大或酗酒的情況。

3 胃液

胃液中包括可殺死細菌的極具腐蝕性氫性膽酸，以及可將蛋白質轉化為小分子 (肽) 的胃蛋白酶。此外，還有胃脂肪酶，這是一種可啟動分解脂肪和黏液的酶。黏液形成一層黏稠的保護層，使胃不受自身消化液的影響。

4 繼續前進

所有食物在胃中攪拌 3～4 小時後，都變成了食糜。然後這些化學昆合食物通過胃底的另一個肌肉環進入小腸口。在這裏，消化真正開始。

腸道的反應

一旦食物在胃中變成食糜，就會被擠入小腸。在小腸中會發生大量的化學反應，食糜得以進一步分解，並最終被血液吸收。每天大約 11.5 公升 (20 品脫) 的食物、液體和消化液液會從小腸通過。

器官之間協調運作

小腸對於食物消化受到其他三個器官幫助：產生消化酶的胰腺、製造膽汁的肝臟，以及儲存膽汁的膽囊。

1 膽汁工廠

在肝臟的多種功能中，其一就是產生膽汁。膽汁是一種可使脂肪轉化為更容易消化的脂肪滴的苦味液體。膽汁一旦產生，就儲存在膽囊中。

2 膽汁的儲存

當食物離開胃進入小腸時，膽汁也從膽囊中進入小腸。在小腸中，膽汁與來自胰腺的消化酶混合。

3 酶的發動機

胰腺產生三種主要的消化酶：將碳水化合物轉化為糖的澱粉酶；將蛋白質轉變為氨基酸的蛋白酶；以及將脂肪滴轉化為脂肪酸的脂肪酶。

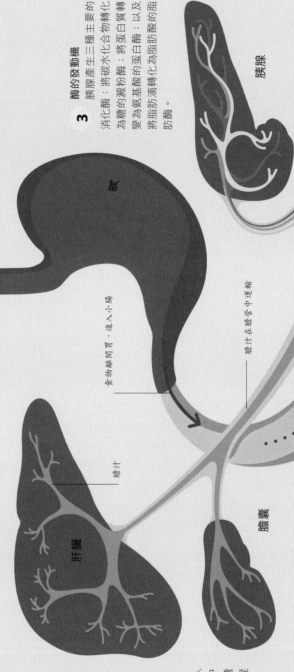

胰腺

充滿酶的胰臟導管

胃

食物離開胃，進入小腸

膽汁在膽管中運輸

小腸

肝臟

膽汁

膽囊

食物在小腸壁肌肉的收縮下向前推進

約 95% 的食物在小腸中被吸收，餘下的在大腸中被吸收。

攜帶消化液的導管開放

腸壁上有成千上萬的絨毛

4 吸收開始

胆汁和消化酶經過 3～5 小時的協同作用，將營養物質還原成簡單的形式，小腸壁的內壁上有數以千計手指狀的微小突起稱為絨毛，可極大程度地增加腸道的表面面積，從而提升其吸收營養物質的能力。

澱粉酶消化碳水化合物，產生糖分

糖分

碳水化合物

蛋白酶消化蛋白質，產生氨基酸

氨基酸

蛋白質

脂肪酶消化脂肪滴，產生脂肪酸

脂肪酸

脂肪滴

5 進入血液

絨毛吸收營養成分並將其輸送到血液中，至此，血液又將營養成分輸送到肝臟及身體其他各個部位。與此同時，沒有被絨毛吸收的部分食糜繼續向下進入腸道的最後步驟（參見第 146～147 頁）。雖然這些絨毛沒有顯示，但是脂肪的消化有另一個步驟，即脂肪酸要先經過淋巴系統，最後才進入血液。

溶解的糖分

溶解的氨基酸

溶解的脂肪酸

血流

脂肪的消化

脂肪特別難消化。即使已經在胃酸中浸泡過，它們仍然不易被酶消化，此時，胆汁就開始發揮作用了。通過一個稱為乳化的過程，胆汁將脂肪轉變成脂肪滴，大小就足夠酶進一步消化。

脂肪

脂肪滴

胆汁

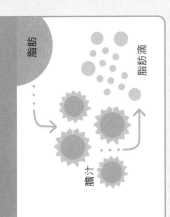

糞便排出

　　大腸是一根長約 2.5 米（4 英尺）的長管，消化的最後階段就在此處完成。細菌在此處開始發酵碳水化合物，釋放對人體健康至關重要的營養素。同時，糞便被壓縮、儲存和排出。

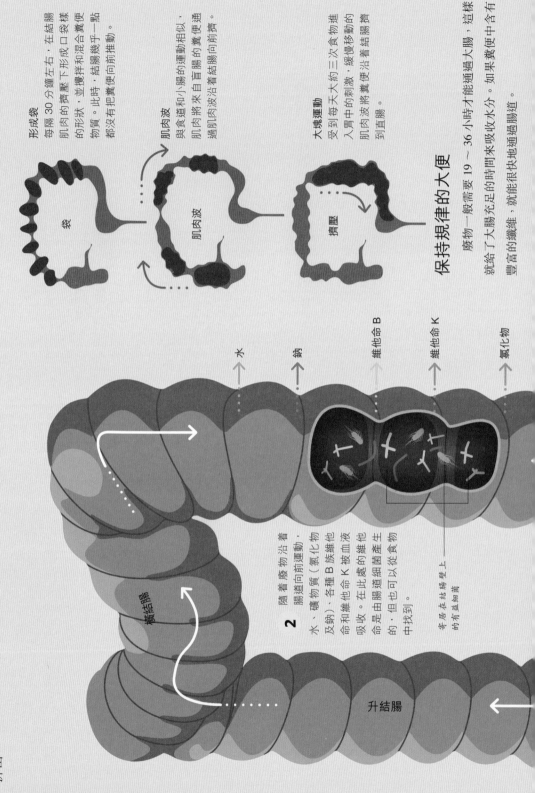

形成袋
每隔 30 分鐘左右，在結腸肌肉的擠壓下形成口袋樣的形狀，並攪拌和混合糞便物質。此時，結腸幾乎一點都沒有把糞便向前推動。

袋

肌肉波
與食道和小腸的運動相似，肌肉將來自盲腸的糞便通過肌肉波沿著結腸向前擠。

肌肉波

大塊運動
受到每天大約三次食物進入胃中的刺激，緩慢移動的肌肉波將糞便沿著結腸擠到直腸。

擠壓

保持規律的大便

　　廢物一般需要 19～36 小時才能通過大腸，這樣就給了大腸充足的時間來吸收水分。如果糞便中含有豐富的纖維，就能很快地通過腸道。

→ 水

→ 鈉

→ 維他命 B

→ 維他命 K

→ 氧化物

橫結腸

升結腸

2 隨著廢物沿著腸道向前運動，礦物質（氯化物及鈉）、各種維他命 B 族維他命和維他命 K 被血液吸收。在此處的維他命 B 族細菌產生的維他命也可以從食物中找到。

聚居在結腸壁上的有益細菌

人有三急

當糞便進入直腸時，牽張感受器通過「需要去廁所」的反射，然後發送脈衝來觸發出運動信號，傳至大腦的感覺。同時，傳至大腦的感覺信息使人意識到排便的需要，並且有意識地鬆弛肛門外括約肌。人類排便的頻率在正常飲食情況下為一天三次到三天一次之間。

為甚麼我們有闌尾？

闌尾可能是數千年前幫助祖先消化樹葉的器官的殘餘。除了可能作為腸道細菌的安全「避難所」外，它在今時今日似乎並沒有甚麼明顯的作用。

鉀和碳酸氫鹽被結腸吸收，以替代被血吸收的鈉

降結腸

3 糞便被壓縮進入下段結腸，並在結腸壁分泌的黏液下保持濕潤。

小腸

闌尾

盲腸

直腸

旅程的結束

大腸分為三個主要部分：收集來自小腸廢物的盲腸、吸收營養物質的三段結腸（升結腸、橫結腸和降結腸）以及排出糞便的直腸。其中最大的部分是結腸，細菌在此處會消化人類所不能消化的澱粉、纖維和糖類（參見第148～149頁）。

1 廢物從小腸出來之後，開始從盲腸垂直上升。

4 糞便通過直腸排出。糞便約60%是由細菌組成的，餘下的部分是不可消化的纖維。

肛門括約肌包括內括約肌和外括約肌

細菌消化

人體的消化道中有 100 兆個有益的細菌、病毒和真菌存在，它們共同被稱為腸道微生物。這些微生物為人體提供營養，幫助消化，同時也幫助人類抵禦有害的微生物（參見第 172 ～ 173 頁）。

吞入微生物

人在出生時體內就存留了第一批微生物，隨後每天都會有微生物進入身體。它們通過鼻子和嘴巴進入胃裏，但是胃裏的環境太酸，多數微生物無法永久在此停留。雖然小腸同樣也是酸性的，但是很多微生物在進入結腸之前，都能存活足夠長時間，並在消化過程中起着至關重要的作用。

人體內的所有**細胞**中，有 **90%** 都是細菌的細胞，而並不是人類自己的。

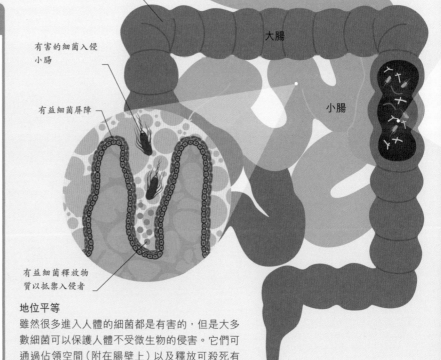

乳酸桿菌是用於益生菌治療的常見胃部細菌，它們可與引起腹瀉的細菌「搏鬥」，從而緩解腹瀉症狀

胃

幽門螺旋桿菌是造成身體損害的細菌，它們會鑽進胃壁，導致胃潰瘍

食糜

所有腸道微生物中的 70% 位於大腸中

大腸

有害的細菌入侵小腸

小腸

有益細菌屏障

有益細菌釋放物質以抵禦入侵者

地位平等

雖然很多進入人體的細菌都是有害的，但是大多數細菌可以保護人體不受微生物的侵害。它們可通過佔領空間（附在腸壁上）以及釋放可殺死有害細菌的物質來保護人體。

抗生素

抗生素可以破壞或是減緩細菌的生長，但是抗生素不能區分有害細菌和有益細菌。因此，當服用抗生素時，腸道中的有益微生物也會受到影響。在抗生素治療開始後，腸道菌羣的多樣性就開始減少，約 11 天後到達最低值。在治療結束後，微生物的數量會很快恢復，但是過度使用抗生素會導致某些微生物遭受永久性的損害。

消化人體所不能消化的物質

結腸中的微生物可使用人體不能消化的碳水化合物作為能量來源。它們可發酵纖維，如纖維素，來幫助人體吸收膳食礦物質 (如鈣和鐵，用於產生維他命)，以及帶來一些其他的好處。這些微生物本身也可以分泌一些必需的維他命，如維他命 K。

那是甚麼味道？

腸道微生物可通過發酵產生多種不同的氣體，包括氧氣、二氧化碳、甲烷和硫化氫。如果產生的氣體量足夠大，就會導致腹脹和脹氣。產生氣體的食物包括豆類、玉米和西蘭花，以及洋蔥、牛奶和人造甜味劑等。

玉米　　西蘭花

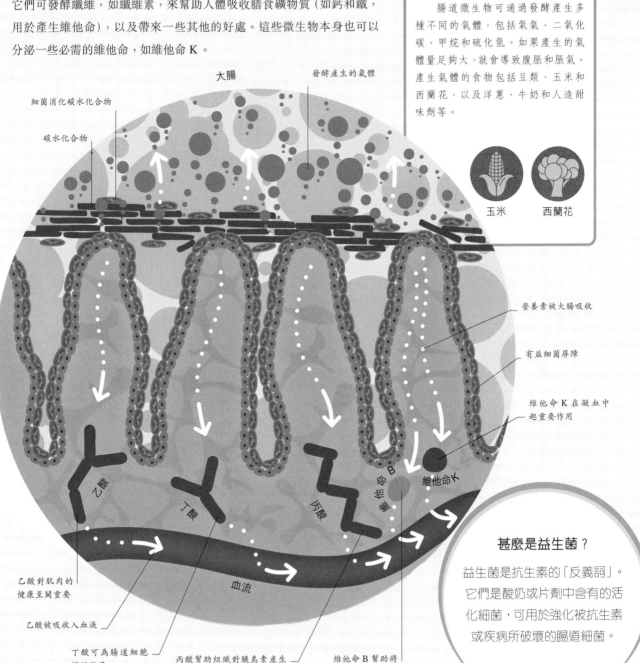

大腸

發酵產生的氣體

細菌消化碳水化合物

碳水化合物

營養素被大腸吸收

有益細菌屏障

維他命 K 在凝血中起重要作用

乙酸

丁酸

丙酸

維他命 B

維他命 K

血流

乙酸對肌肉的健康至關重要

乙酸被吸收入血液

丁酸可為腸道細胞提供能量

丙酸幫助組織對胰島素產生反應

維他命 B 幫助將食物轉變成能量

甚麼是益生菌？

益生菌是抗生素的「反義詞」。它們是酸奶或片劑中含有的活化細菌，可用於強化被抗生素或疾病所破壞的腸道細菌。

淨化血液

當血液通過人體時，會吸收大量的廢物和多餘的營養物質。如果沒有腎臟將這些東西排出體外的話，它們很快就可能就對生命構成威脅。

泌尿系統

血液流經腎臟需要花費 5 分鐘。血液攜帶著廢物進入腎臟，由腎臟上無數個微小的過濾器將廢物過濾後，血液被淨化、廢物便變成尿液。尿液隨後流入膀胱，到達一定量時就會產生尿意。尿液的主要成分是尿素，尿素是一種在肝臟形成的廢物（參見第 156 ～ 157 頁）。

整個血液系統一天會被腎臟過濾 20 ～ 25 次。

攜帶廢物的血液進入腎臟

1 攜帶廢物的血液通過腎動脈進入腎臟，這些動脈分支為密麻麻的毛細血管，為大約 100 萬個的微小過濾器供血。當血液被過濾後，乾淨的血液透過腎靜脈離開腎臟。

腎動脈

腎靜脈

乾淨的血液流出腎臟

攜帶廢物的血液進入腎臟

腎盂

腎皮質

腎髓質

每個腎單位都被固定在腎臟的中間部分，稱為腎髓質

廢物在腎髓質中以系統的形式式收集

腎結石

既然有如此多的廢物經過腎臟，即使是最小的礦物質累積起來也能形成一塊小石頭。這些所謂的「腎結石」可以在不引起任何症狀的情況下排出體外，但是還有一些會逐漸變大，從而堵塞輸尿管。引起腎結石的原因包括肥胖、飲食不良和飲水不足。

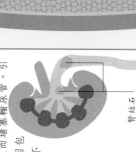

腎結石

肌性的膀胱壁

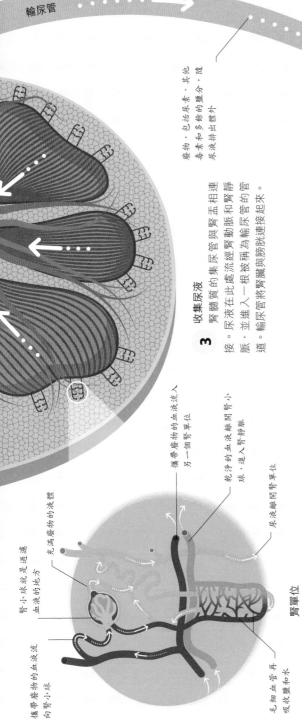

膀胱

充滿尿液的膀胱

尿道

輸尿管

廢物，包括尿素、其他毒素和多餘的鹽分，隨尿液排出體外。

3　收集尿液

腎髓質的集尿管與腎盂相連接，並進入一根被稱為輸尿管的管道。輸尿管將腎臟與膀胱連接起來。尿液在此逆流流經腎動脈和腎靜脈，進入腎盂。

4　廢物處理

肌肉的收縮可將尿液沿著輸尿管向下擠壓，這就是人即使躺下尿液也能將膀胱充滿的原因。當膀胱充盈時，其肌肉壁會進一步擴張尿液，但是膀胱底部有一個肌肉環會阻止尿液流出。學會如何控制這肌肉就可以自由選擇何時排尿。

2　過濾的過程

當血液通過腎單位時會被強制通過一個叫做腎小球的微型過濾器。腎小球允許尿素和其他廢物通過，但是血液中的血細胞和有價值的蛋白質則留在腎小球中。在遠端，充滿廢物的液體首先通過腎臟經一個長循環，使其中的鹽分和水分得以得調之後，再流入尿液收集管。

腎單位

攜帶廢物的液體

充滿廢物的血液流入另一個腎單位

乾淨的血液輸入腎小球，進入腎靜脈

尿液離開腎單位

攜帶廢物的血液流向腎小球

腎小球就是過濾血液的地方

毛細血管再吸收鹽和水

腎衰竭了怎麼辦？

如果一個人的腎臟太弱、無法過濾血液，那麼可以用透析機來代替腎臟。透析時，病人的血液通過一根管子進入機器，在被清洗和過濾後，血液返回病人的身體。

水分平衡

血液中水的含量必須保持在一定範圍內，否則細胞要麼過於萎縮（脫水），要麼過於腫脹（水分過多）。因此，腎臟、內分泌系統和循環系統必須協同工作，以使血液中的水分達到平衡。

失衡

許多常見的物質都可以干擾人體的水分平衡，例如，酒精可以阻止垂體釋放抗利尿激素。這意味著腎臟努力地清除血液中的酒精。另一方面將更多的水排入尿液中。喝下一杯紅酒就可以使我們的身體失去相當於四杯紅酒量的水分，使人體產生大量尿液的物質稱為「利尿劑」，咖啡因就是一種利尿劑。

水分過少

一般情況下，身體會不斷地流失水分，但有時候也會迅速地流失水分，比如出汗、嘔吐或是腹瀉時。這會同時導致血容量的下降及血液裏的鹽分升高。這些都會觸發身體採取某些機制來恢復平衡。

1 低水量警報

下丘腦接收到血壓低和鹽分高的信號後，通過增加抗利尿激素（ADH）的釋放來對此產生反應。抗利尿激素被輸送到腦垂體，再從腦垂體釋放放入血液。

水分過多

體內水分過多比脫水要罕見得多，水分過多可能由運動後極度大量飲水、濫用藥物或疾病引起。水分過多會導致血容量的增加，以及血液中鹽分下降。

1 高水量警報

下丘腦接收到血壓高和鹽分低的信號，通過減少抗利尿激素（ADH）的釋放來對此產生反應。由於抗利尿激素減少，腎臟開始儲存水分，並增加尿量的排放。

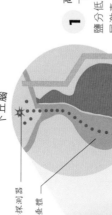

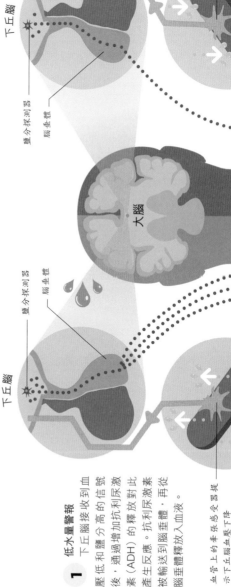

鹽分探測器

腦垂體

下丘腦

抗利尿激素減少

血管上的牽張感受器提示下丘腦血壓上升

血管中水的含量上升

大腦

水分過多

鹽分探測器

腦垂體

下丘腦

水分過少

抗利尿激素增多

血管上的牽張感受器提示下丘腦血壓下降

血管中水的含量下降

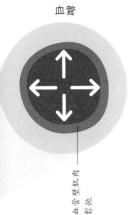

血管

血管壁肌肉鬆弛

2 血管擴張
低水平的抗利尿激素引起血管壁肌肉放鬆。血管的擴張可盡量緩衝由水量過多引起的血壓上升。

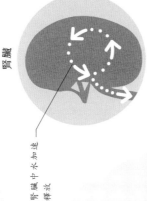

腎臟

腎臟中水加速釋放

3 水的釋放
抗利尿激素水平下降同時也促使腎臟盡可能減少對水分的再吸收，因此越來越多水分加進尿液，並通過膀胱排出體外。

尿液

4 稀釋的尿液
當身體迅速充盈，尿液就更加稀釋，顏色也變淺。膀胱迅速充盈，因此，

「釋放水」

輸尿管

膀胱

輸尿管

「儲存水」

尿液

水缺乏

血管壁肌肉收縮

2 血管收縮
高水平的抗利尿激素引起血管的肌肉收縮，可以在血容量減少的情況下，盡可能將血壓恢復至正常範圍。

腎臟

腎臟中水的再吸收加速

3 水的再吸收
抗利尿激素水平上升同時也促使腎臟對水分的再吸收，並盡可能保留住因出汗或嘔吐而失去的鹽分。

4 濃縮的尿液
在缺乏水分時，膀胱充盈的速度越來越慢，這意味著尿液越來越濃，顏色也更深。

血管

肝臟如何運作

一旦營養物質通過嘴巴、胃和腸道進入血液之後，就會被直接送到肝臟。肝臟將這些營養物質分門別類地儲存、分解或變成新的東西。在任何時候，肝臟都佔有身體血液供應總量約 10%。

肝小葉

肝臟是由成千上萬個被稱為肝小葉的微小加工廠組成的。在每個肝小葉中，又包含數千個被稱為肝細胞的化學處理器。肝細胞由庫佛氏細胞和星狀細胞支持，負責執行肝臟的全部工作。每個肝小葉都是六邊形的，含有一個中央流出靜脈。肝小葉的每個角都支持兩條流入血管及一條向外輸出膽汁的管道。

物質在肝臟的進出
血液從兩個方向到達肝臟，然後肝臟通過肝靜脈輸出血液，並通過膽管輸出膽汁。

‧‧‧➔ 從小腸來的血液
　　➔ 從心臟來的血液
　　➔ 輸送至心臟的血液
‧‧‧➔ 輸送至膽囊的膽汁

肝臟

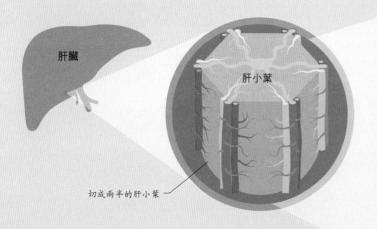
肝小葉

切成兩半的肝小葉

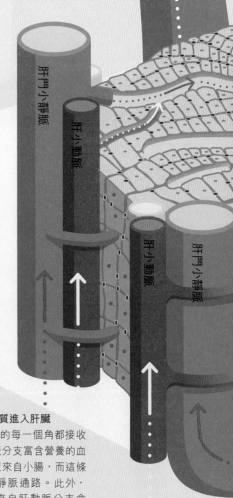

肝靜脈

肝門小靜脈

肝小動脈

肝小動脈

肝門小靜脈

雙重液血供應

肝臟的一個獨特之處在於它有兩條血液供應通道。與其他器官相比，肝臟接收來自心臟的含氧血液，由此獲得能量，但同時也接收來自腸道的血液，並對其進行淨化、儲存和加工處理。

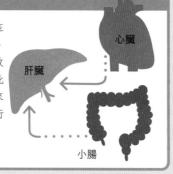

心臟

肝臟

小腸

① 營養物質進入肝臟
肝小葉的每一個角都接收來自肝門靜脈分支富含營養的血液，這些血液來自小腸，而這條通路稱為門靜脈通路。此外，肝臟還接收來自肝動脈分支含豐富氧氣的血液，這些血液來自心臟，而這條通路稱為肝小動脈通路。

3 營養物質從肝臟輸出
當血液在肝臟被處理後，便從肝臟的中心靜脈流出，向心臟、肺再到心臟並最終到達腎臟，由腎臟將其中的毒素通過尿液排出體外。

庫佛氏細胞去除細菌、碎片和陳舊的紅細胞

小葉間靜脈

肝臟運作的速度有多快？

肝臟每分鐘能過濾 1.4 公升（2.5 品脫）血液。同時，肝臟每天能製造 1 公升（1 ¾ 品脫）膽汁。

微膽管將膽汁輸送到膽管

肝門小靜脈

膽管

肝小動脈

中心靜脈

肝細胞的排列

星狀細胞是維他命 A 的倉庫

肝門小靜脈的分支與整個肝小葉交織

肝小動脈的分支與整個肝小葉交織

2 營養物質的加工
肝細胞晝夜不停地儲存、分解和重建營養物質。同時，肝細胞還產生用於分解脂肪的膽汁（參見第 144 ～ 145 頁）。膽管不斷將膽汁輸送到膽囊儲存。

肝門靜脈

肝臟的功能

　　對於肝臟最好的理解，就是把它當作一家「工廠」——含有三個主要部門的加工基地。這三個主要部門分別是：加工部門、製造部門和儲存部門。這個加工基地的原材料是在消化過程中由血液吸收的營養物質，而這些原材料被送往哪個部門則由身體的優先順序來決定。

肝臟還能做甚麼？

肝臟產生血凝蛋白，確保人體在受傷時可以止住血液外流。因此，肝臟不健康的人很容易出血。

碳水化合物中的葡萄糖

肝臟可進行糖異生的過程。當身體缺乏能量時，肝臟可通過分解碳水化合物產生葡萄糖。

代謝脂肪

過量的碳水化合物和蛋白質被轉化為脂肪酸，並釋放到血液中，以獲取能量。當葡萄糖耗盡時，這個過程變得至關重要。

加工

　　肝臟大部分時間都用於處理營養物質，包括確保營養物質準確無誤地被送到身體各處，並且在有需要的時候提供營養支持。最重要的是，肝臟也會排出有毒物質。

淨化血液

肝臟將污染物、細菌和植物中的防禦性化學物質轉化為不太危險的化合物，並送到腎臟，以排出體外。

再生器官

　　與身體其他器官在受到損傷時就在損傷處產生癒痕組織不同，肝臟在其需要的時候可以再生出新的肝細胞。這個特點對人來說，是十分幸運的，因為肝臟不斷地受到不健康的、有毒的化學物質的損害。這些化學物質（也包括一些用於治療的藥物）常常會對肝臟造成損傷，但是肝臟可以通過肝細胞的再生來恢復其功能及形態。令人難以置信的是，即使肝臟喪失 75% 體積，仍然能完全在幾週之內恢復到原來的大小。

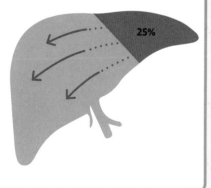

25%

產生膽汁
肝臟不斷產生膽汁，並送到膽囊儲存。膽汁以血紅蛋白為原材料，而血紅蛋白則從舊的紅細胞分解過程中釋放出來。

分泌激素
肝臟至少分泌三種激素，可算是內分泌系統的主要成員（參見第 190 ～ 191 頁）。肝臟的激素可以刺激細胞生長、促進骨髓生成以及幫助控制血壓。

製造

肝臟是身體的一個主要製造中心，可以將簡單的營養物質轉化為多種其他物質，包括化學信使（激素）、身體組織成份（蛋白質）以及重要的消化液（膽汁）。由於肝臟總是如此忙碌，它同時還能產生另一種珍貴產品，也就是大量熱量。

蛋白質合成
肝臟可產生許多蛋白質，然後將其分泌到血液中，尤其是當膳食中缺少某些類型的氨基酸（蛋白質的原材料）時。

儲存維他命
肝臟可以儲存兩年分量的維他命 A，這對免疫系統至關重要。肝臟還儲存維他命 B12、D、E 和 K，以備不時之需。

儲存

肝臟中儲存着大量的物質，主要包括維他命、礦物質和糖原（葡萄糖的儲存形式）。這使得身體即使在幾天或幾週不進食的情況下也能夠存活下來，並且確保任何膳食營養素的短缺都能很快得到糾正。

儲存礦物質
肝臟中儲存兩種重要礦物質：鐵和銅。鐵可以攜帶氧氣通過全身；而銅可以維持免疫系統的健康。銅也可被用來製造紅細胞。

儲存糖原
肝臟以糖原的形式儲存能量。當身體能量耗盡時（參見第 158 ～ 159 頁），肝臟將糖原轉化為葡萄糖，並釋放入血液。

肝臟總共具有約 **500 種化學功能**。

肝臟受損

在身體所有器官中，肝臟的獨特之處在於其可以再生。然而，如果反覆暴露於有害的物質，如酒精、藥物或病毒時，肝臟最終會受到損害。這種情況於肝臟被毒素淹沒而一直沒有機會再生的時候發生。在這種緊張的狀態下，肝臟最終被瘢痕化，也就是一種被稱為肝硬化的狀態。肝硬化的一個常見原因是酗酒。

能量平衡

大多數人體細胞都是用葡萄糖或脂肪酸作為能量來源的。為了保持這些能量的正常供應，身體不斷地在吸收能量（通過進食）和釋放能量（之後又感覺到飢餓）之間交替。在理想狀態下，這個循環每隔幾小時就重複一次。

裝滿油箱

葡萄糖和脂肪酸通過食物進入身體。當血糖水平升高時，胰腺釋放胰島素，以使肌肉、脂肪和肝細胞吸收和儲存葡萄糖以及脂肪酸作為未來的能量。

含糖分多的食物

脂肪可以使人變胖嗎？

只有吃含糖食物或碳水化合物時，我們才會變胖。這些食物中含有葡萄糖，使身體將其作為營養物質來儲存，從而增加體重。

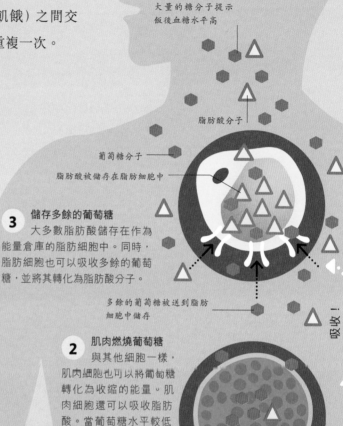

大量的糖分子提示飯後血糖水平高

脂肪酸分子

葡萄糖分子

脂肪酸被儲存在脂肪細胞中

3 儲存多餘的葡萄糖
大多數脂肪酸儲存在作為能量倉庫的脂肪細胞中。同時，脂肪細胞也可以吸收多餘的葡萄糖，並將其轉化為脂肪酸分子。

多餘的葡萄糖被送到脂肪細胞中儲存

吸收！

2 肌肉燃燒葡萄糖
與其他細胞一樣，肌肉細胞也可以將葡萄糖轉化為收縮的能量。肌肉細胞還可以吸收脂肪酸。當葡萄糖水平較低時，肌肉細胞會轉而燃燒脂肪酸。

葡萄糖被肌肉細胞吸收

脂肪酸被肌肉細胞吸收

吸收！

1 發出「吸收！」信號
飯後，胰腺檢測到血液中糖分含量高。於是，胰腺釋放出胰島素，並在血液中循環。如此，就使身體各個細胞開放並接收營養素，其中最主要的營養素是作為所有細胞能量來源的葡萄糖。

胰腺

燃燒燃料

當身體的細胞開始吸收營養物質時,血糖的水平開始下降。除非有更多的物質被消化,否則血糖的水平會下降至一個點(值),而在這個點上,身體通過燃燒脂肪而不是葡萄糖來獲取能量。同樣,這個過程也是由胰腺組織的。

糖分子稀少提示血糖水平低

肌肉細胞開始燃燒脂肪酸

3 肌肉細胞燃燒脂肪酸
在這裏,肌肉細胞從脂肪細胞中接收脂肪酸,並將它們分解成能量。

脂肪酸釋放入血液

燃燒!

2 脂肪被送至肌肉
胰高血糖素也可指示脂肪細胞將其儲存的脂肪酸釋放入血液,然後這些脂肪酸就可以作為其他細胞的能量來源。

燃燒!

能量供應及需求

食物的能量是以卡路里來計量的。牛排中約有 500 卡路里的熱量,相當於一大包薯片或是 10 個蘋果的熱量。人在休息時每天需要 1,800 卡路里熱量來維持體重,無論吸收或消耗多了卡路里,都會使天平傾斜。

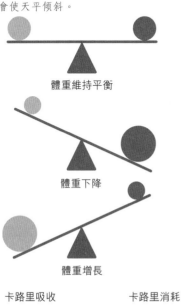

體重維持平衡

體重下降

體重增長

卡路里吸收　　　　卡路里消耗

1 發出「燃燒!」信號
在進食幾個小時後,胰腺中的特殊細胞檢測到血糖水平下降。於是,胰腺又釋放胰高血糖素進入血液,並使肝臟將其儲存的葡萄糖以糖原的形式釋放入血液(參見第 154～155 頁)。

胰腺

糖分「陷阱」

雖然卡路里與其所包含的能量相等，但是卡路里的來源，如脂肪、蛋白質或碳水化合物，卻決定了其在人體內被使用的方式。一些食物能提供穩定的能量來源，另一些食物則導致體內激素像過山車一樣迅速變化。

卡路里有害嗎？

卡路里是指身體通過進食所獲得的能量。所以，卡路里並不有害，我們的生存需要能量。但是如果攝入太多卡路里，身體就會把多餘的卡路里作為脂肪儲存起來。

一直存在的胰島素

食物迅速轉化為糖分會導致血糖水平升高 (參見第 158 頁)。胰島素可對此作出迅速的反應，導致血糖水平下降。即使身體的血糖水平較低，血液中仍然會有胰島素阻止脂肪燃燒，因此，身體會感覺疲勞，並想要獲取更多的糖分。

升高和下降
血糖的峰值和低值，以及胰島素水平的平穩上升和下降均在早晨進餐前後進行追蹤。

血糖

胰島素

1 早上 8:00，早餐
富含碳水化合物的早餐，無論是烤麵包還是穀類食品，都會使體內的血糖水平迅速升高，而胰島素的水平也隨之上升。如果還喝了果汁或是在咖啡裏加糖，血糖上升速度更快。

2 上午 10:30，點心
隨着血糖下降，血液中持續存在的胰島素又阻止脂肪酸的釋放，我們開始感覺到疲倦，所以想吃些點心。食用一些含糖餅乾，血糖會再次上升，胰島素也隨之產生反應。

3 下午 1:00，午餐
到了午餐時間，體內的血糖水平再次跌到最低值，於是想要吃富含碳水化合物的午餐。因此，這個循環再次發生，即葡萄糖和胰島素的水平又飆升到健康範圍以外。

早上 8:00　　　　　　　　上午 10:30　　　　　　　　下午 1:00

增加體重

吸收過多糖會導致體重增加，而超重會嚴重影響健康。這些影響包括胰島素敏感性、胰島素抵抗性、二型糖尿病 (參見第 201 頁)、心臟病、某些類型的癌症，以及中風等。為了避免肥胖，將胰島素保持在低水平是至關重要的，而降低胰島素水平的一個辦法就是低碳水化合物膳食。

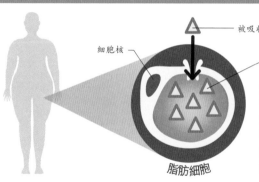

被吸收的脂肪酸

細胞核

儲存的脂肪酸

脂肪細胞

儲存脂肪
當攝入的脂肪較多時，體內的脂肪細胞數量並不會增加。原來的脂肪細胞可儲存更多的脂肪酸，因此，脂肪細胞的體積會增加。

低碳水化合物膳食

一個比較流行（可能具有爭議）的、避免攝入過多糖分的辦法是限制我們攝入的碳水化合物，因為它可以被分解為葡萄糖並作為脂肪儲存在體內。通過低碳水化合物的膳食，可以避免葡萄糖和胰島素水平在體內忽高忽低，停止攝入糖分和增加脂肪儲存。將葡萄糖分和胰島素保持在一個健康的範圍，可以使脂肪成為能量來源，而不用依賴葡萄糖。

高蛋白膳食

為了減少碳水化合物，一些膳食促進者建議從蛋白質和健康的脂肪中獲取熱量。可以奉行分階段膳食，以訓練身體開始燃燒脂肪，減少依賴碳水化合物。

現在普遍認為**糖比可卡因更容易上癮**。

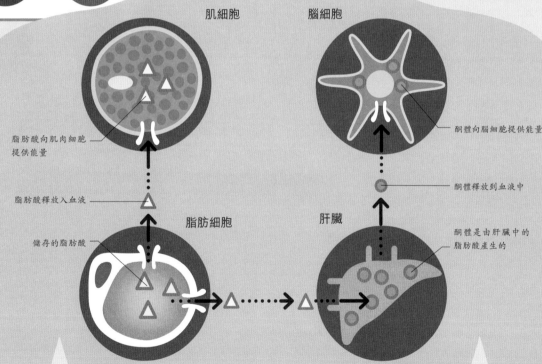

肌細胞

腦細胞

脂肪酸向肌肉細胞提供能量

酮體向腦細胞提供能量

脂肪酸釋放入血液

酮體釋放到血液中

脂肪細胞

肝臟

儲存的脂肪酸

酮體是由肝臟中的脂肪酸產生的

脂肪酸的釋放
當血糖維持在健康水平時，胰島素的水平維持在較低的水平。這樣就允許脂肪細胞釋放脂肪酸，一個會被胰島素抑制的過程。

產生酮體
與其他組織不同，大腦不能使用脂肪酸作為能量來源。因此，當血糖較低時，肝臟開始將脂肪酸轉化為酮體，作為腦細胞的能量來源。

盛宴還是禁食？

當今最流行的兩種飲食方式根本不計算熱量。一種是舊石器時代飲食，沿用祖先的飲食方式，摒棄高度加工過的食品。而另一種是間歇性禁食，採取「盛宴和禁食」的方式，更側重於規定何時才能吃東西，而不是吃甚麼東西。

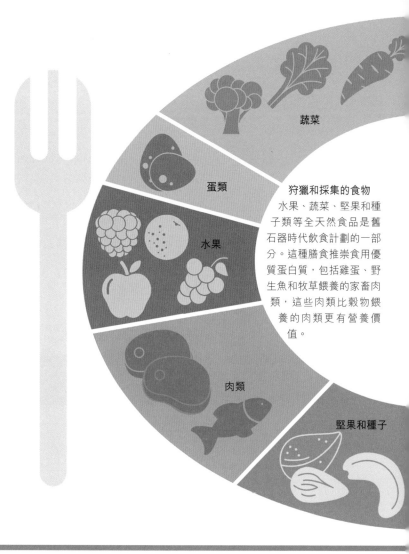

回到本原

舊石器時代飲食方式背後的理論是，我們的身體還沒有進化到可以消耗那些在超市裏大量售賣、經高度加工、富含糖和碳水化合物的食物。這種膳食方式推崇那些早在 1 萬年前、在農耕作業還沒有出現的時候，依靠狩獵和採集本生存的祖先已開始食用的食物，但是這種生活方式並不要求人們重新回到洞穴中去。我們已經習慣從奶製品中獲取鈣源，如不能找到富含鈣的替代品，就會面臨缺鈣的危險。

蔬菜

蛋類

水果

肉類

堅果和種子

狩獵和採集的食物
水果、蔬菜、堅果和種子類等全天然食品是舊石器時代飲食計劃的一部分。這種膳食推崇食用優質蛋白質，包括雞蛋、野生魚和牧草餵養的家畜肉類，這些肉類比穀物餵養的肉類更有營養價值。

間歇性禁食

間歇性禁食背後的理論是定期停止進食。在此期間，身體可從儲存的脂肪中獲取所需的能量。但是這樣的禁食不會持續太長時間，不致使肌肉蛋白分解來為身體提供能量。間歇性禁食的方法主要有兩種：16：8 法和 5：2 法。

16：8 法
這種方法的追隨者每天進食的時間為 8 小時（比如，從正午到晚上 8 點）。其餘 16 小時則禁食，幸好當中大多數時間人們都在睡覺，使得這種方法更容易管理。

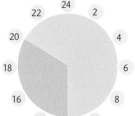

圖例：　▇ 進食　　▇ 禁食

星期一　**星期二**　**星期三**　**星期四**

星期五　**星期六**　**星期天**

禁食的日子

5：2 法
這種膳食方法限制人在一週中的兩天，每天只能攝取大約 500 卡路里（大約一頓飯）的熱量。而在這一週的其餘五天，可以（在合理範圍內）想吃多少吃多少。

穀類

糖類

精製加工食品

豆類

奶製品

耕種和加工的食品
糖、加工食品、穀物、豆類、酒精和奶製品均被排除在舊石器時代飲食計劃之外，因為它們是耕種和工業時代的產物。然而，許多舊石器時代飲食方式的追隨者仍然會進食一些奶製品，因為我們與祖先不同，絕大多數已進化到可以耐受奶製品（參見第 164 ～ 165 頁）。

世界上三分之一的**成年人體**內已經可以產生消化**乳糖**的**酶**。

升糖指數

升糖指數 (GI) 是指含碳水化合物類食物升高血糖水平速度的一種測量辦法。食物的升糖指數值越低，則其能影響血糖水平的程度越低。舊石器時代飲食方式的吸引力在於其傾向於食用低升糖指數食物。

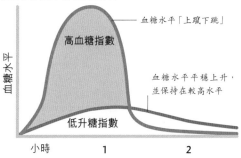

血糖水平「上竄下跳」

高血糖指數

血糖水平

血糖水平平穩上升，並保持在較高水平

低升糖指數

小時　　1　　2

血糖水平
高升糖指數食物能迅速增加血糖水平，但隨後又迅速下降，使人感到飢餓。低升糖指數食物逐漸增加人的血糖水平，使人感覺飽脹的時間更長。

自然的脂肪燃燒

當身體在自然燃燒脂肪時做運動，其效果可能會更好。例如，早餐前跑步的好處是，身體經過一整晚的禁食，已經開始燃燒脂肪，這樣就可以增加跑步的效果。而如果在晚上跑步，更可能燃燒的是當天從食物中所攝入的糖分。因此，晨練通常對減肥更有效。

 盛宴狀態

 禁食狀態

糖

脂肪

脂肪

肌肉

肌肉

晚上
進食後，體內的葡萄糖可為身體提供 3 ～ 5 小時能量。

早晨
一旦葡萄糖用完，身體就開始將儲存的脂肪作為能量供應來源。

大腦健康

已有證據表明，禁食能改善大腦健康。尤其是間歇性禁食，可使神經元處於輕微的壓力下，就像肌肉在運動時受到的壓力一樣。這種壓力可以促使化學物質的釋放，有助神經元的生長和復修。

禁食的大腦

神經元

消化系統毛病

消化系統毛病包括進食後的短暫性不適到持續終生的失調。在大多數情況下，治療方法很簡單，僅僅是避免攝入可引起不適症狀的食物。

乳糖不耐受

許多成年人缺乏可分解乳糖（牛奶中所含的糖）的乳糖酶。所有健康的嬰兒體內都有乳糖酶，但是絕大多數人在斷奶後都會停止產生這種酶。世界上只有約 35% 的人口會發生一種使他們成年後也能產生乳糖酶的基因突變。

誰能耐受乳糖？

具有悠久乳業歷史的國家的人民往往直到成年後仍能適應飲用牛奶。這些國家大多數都在歐洲。

乳糖　　乳糖酶

2 由乳糖酶消化的乳糖
乳糖酶將乳糖分解為兩種較小的糖：半乳糖和葡萄糖。

小腸

葡萄糖

1 小腸中的乳糖
當排列在小腸壁上的細胞遇到乳糖時，就開始產生用以消化的乳糖酶。

半乳糖

3 半乳糖和葡萄糖被吸收
半乳糖和葡萄糖是兩種分子較小的糖類，可被小腸吸收進入血液。

2 細菌發酵
大腸中的細菌（參見第 148 ～ 149 頁）可使乳糖發酵，過程中會產生氣體和酸。

3 腸道不適
發酵產生的氣體可引起腸脹氣和不適感，而發酵產生的酸可將水引入腸道，導致腹瀉。

由細菌釋放的氣體和酸

大腸

未消化的乳糖進入大腸

1 未消化的乳糖
如果沒有乳糖酶，乳糖就不能被吸收，而是進入大腸。

細菌發酵乳糖

腸易激綜合症

腸易激綜合症（IBS）是一種長期的症狀，可引起胃痙攣、腹脹、腹瀉和便秘。這種症狀的原因尚不清楚，可能是由於壓力、生活方式和某類食物所引起的。

嘔吐

人體避免消化系統出現問題的一種辦法是嘔吐。當進食腐爛或有毒的東西時，胃、膈肌和腹肌都會收縮，迫使食物反向通過食道，並從口腔排出。

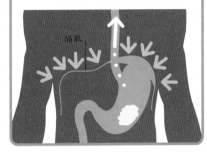

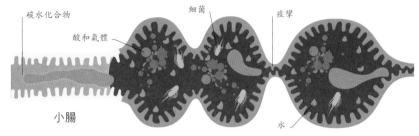

碳水化合物
酸和氣體
細菌
痙攣
水
小腸
大腸

1 細菌發酵
未被完全吸收的碳水化合物可能會增加腸道中的水含量。一旦進入大腸，這些碳水化合物就會被細菌發酵，產生酸和氣體。

2 腸道痙攣
腸易激綜合症可引起腸道痙攣，阻止廢物和氣體通過；或者也可以導致廢物迅速通過，阻止水的再吸收並引起腹瀉。

麥麩不耐受

許多人在吃麥麩（一種在穀物，如小麥、大麥和黑麥中發現的蛋白質）時會出現腹痛、疲勞、頭痛甚至四肢麻木。這些均是多種麥麩相關性失調（從麥麩敏感到乳糜瀉）的症狀表現。

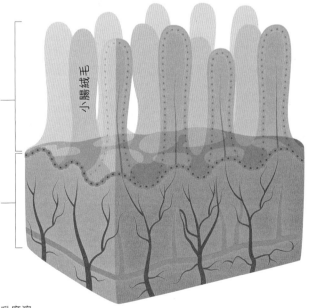

未發生乳糜瀉的小腸
小腸絨毛
發生了乳糜瀉的小腸

黑麥麵包　啤酒　意大利粉

麥麩敏感
麥麩敏感的症狀包括嗜睡、精神疲勞、抽筋和腹瀉，只有避免進食所有麥麩類食物，包括黑麥麵包、啤酒和意大利粉等等，才能治癒。幸好麥麩敏感並不會像乳糜瀉那樣對腸道造成損害。

乳糜瀉
乳糜瀉是一種嚴重的遺傳性疾病。當進食麥麩類食物時，身體免疫系統會發生自我攻擊。這種免疫反應會對小腸的內壁造成損害，從而抑制營養物質的吸收。如果不加以治療，乳糜瀉可完全破壞小腸內壁的小指狀突起（小腸絨毛）。

良好的身體
狀態和健康

身體的戰場

　　人體每天都會遭受大量「掠奪性」入侵者的襲擊，因為身體對它們來説是一個理想的覓食和繁殖場所。與這些入侵者進行對抗的則是身體的防禦力量。任何突破外部屏障進入身體的有害微生物或病原體，都會在其感染的部位引起迅速、局部的反應。如果一道屏障不管用，下一道屏障就會採取行動了。

入侵者

　　細菌和病毒是人類疾病的主要致病原因。寄生動物、真菌和毒素也能刺激免疫系統發揮作用。所有這些微生物都在不斷地適應和進化，以尋找新的方法來躲避免疫系統的監測和破壞。

真菌
大多數真菌都並不危險，但是有些真菌可能會危害健康。

寄生動物
寄生動物存活於人的體表或體內，並可能攜帶其他病原體進入宿主（人體）。

細菌
微小的單細胞有機體可通過進食、呼吸或皮膚的破損口進入體內。

病毒
病毒依靠其他活體細胞進行繁殖，並可以長期潛伏在宿主細胞內。

毒物
毒物能引起疾病或對人體造成致命的影響。

分泌物
黏液、眼淚、油脂、唾液和胃酸等可以誘捕病原體，或是用酶來分解病原體。

補體蛋白
在人類的血液中有多達 30 種不同的蛋白。可以通過對病原體進行標記，以精確破壞病原體或其破裂，來提高免疫反應。

樹突細胞
這些吞噬細胞（微生物吞噬者）可吞噬病原體，並在促使 B 細胞和 T 細胞發揮作用上起着至關重要的作用。

屏障

　　上皮細胞是人體對抗病原體的主要物理防禦。這些細胞緊密地聚在一起，阻止任何東西入侵。它們同時可以分泌液體，作為進一步抵禦病原體的屏障。

上皮
上皮細胞可以形成皮膚以及身體所有開口的膜，包括嘴巴、鼻子、食道和膀胱。

分泌物

上皮細胞

前線部隊

突破身體屏障進入人體的病原體，首先會遇到來自天然免疫系統的即刻反應。這系統是一組細胞和蛋白質，可對來自受損或感染應激細胞的報警信號產生反應。其中一些會靶向及標記入侵的有機體，以破壞它們，而另一些（吞噬細胞）則會將病原體吃掉。

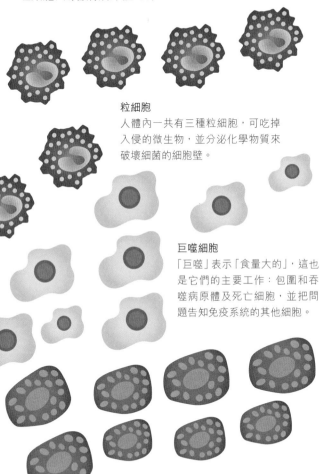

粒細胞
人體內一共有三種粒細胞，可吃掉入侵的微生物，並分泌化學物質來破壞細菌的細胞壁。

巨噬細胞
「巨噬」表示「食量大的」，這也是它們的主要工作：包圍和吞噬病原體及死亡細胞，並把問題告知免疫系統的其他細胞。

肥大細胞
肥大細胞可發出化學警報，告知其他免疫細胞有「入侵者」進入身體。同時，它們也負責大多數過敏和炎症反應。

自然殺手（NK）細胞
自然殺手細胞不直接攻擊病原體，而是攻擊已經受到感染的細胞，導致這些細胞自然凋亡（參見第 15 頁）。

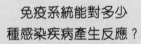

免疫系統能對多少
種感染疾病產生反應？

有人認為，僅僅是 B 細胞就能產生足夠的抗體來對付 10 億種不同的病原體。

「殺手騎兵」

如果第一道屏障沒有在 12 小時內控制住感染，那麼適應性免疫系統就開始行動了。這個系統對先前接觸過的病原體存有記憶，可以發動特定的、有針對性的反擊。

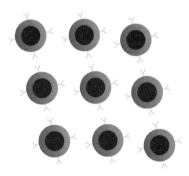

B 細胞
B 細胞是一種特殊類型的細胞，可根據特定病原體產生與之對應的抗體。B 細胞可以快速倍增以增加反應。

抗體
抗體是由 B 細胞產生的 Y 型蛋白。它們可黏附在病原體表面，並對其進行標記，以供吞噬細胞進行破壞。

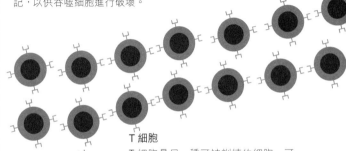

T 細胞
T 細胞是另一種可被訓練的細胞，可直接攻擊感染或癌變的細胞，並促使吞噬細胞吃掉病原體。某些 T 細胞還可以刺激 B 細胞產生抗體。

朋友還是敵人？

免疫系統必須將入侵身體的有害病原體和人體自身的細胞以及友好的微生物區分開來。換句話説，也就是分清楚誰是朋友，誰是敵人。人體可將免疫能力最強的 B 細胞和 T 細胞先通過安檢，以防止它們攻擊人體。

自己人和外人

人體內的每一個細胞表面都有一羣獨特的分子，其主要功能是顯示由自身和友好的微生物製造的蛋白質碎片，以便免疫系統接受它們，並把它們當作「自己人」。

抗原（每個人身上的抗原都是獨一無二的）覆蓋在這個體細胞表面

另一形狀的抗原。所有抗原都有一個特微形狀，稱為抗原決定基

體細胞

外來細胞

自身耐受性

所有的體細胞都帶有顯示「自己人」的表面標記蛋白或抗原，可允許它們與身體的其他細胞和諧相處。如果免疫系統喪失了識別自我標記的能力，可能會導致自身免疫性疾病。

外人標記

外來細胞帶有它們自身的表面標記蛋白，從而會觸發免疫反應。即使是人進食的蛋白質也可能被識別為外來物，除非它們首先被消化系統分解。

移植

在器官移植之前，首先要檢查受體與供體之間的組織相容性。因為如果兩者不匹配，則受體的免疫系統可能會攻擊供體的組織並對其造成破壞。同時，接受移植者可能必須服用免疫抑制劑藥物，以盡可能減少這種併發症。

出發點

B 細胞（可產生抗體，來殺死入侵的病原體，參見第 178 ~ 179 頁）及 T 細胞（可直接殺死入侵的病原體，參見第 180 ~ 181 頁）是從骨髓中的造血幹細胞分裂而來的。

1 骨髓

B 細胞在骨髓中發育成熟並接受「測試」。任何可與骨髓中自身蛋白結合的 B 細胞都會失去活力並凋亡致死（參見第 15 頁）。

骨

B 細胞受體

B 細胞

2 B 細胞

如果 B 細胞通過了自身的「測試」，就會從骨髓中被釋放入淋巴系統。淋巴系統是一個與血管平行分佈的網絡，其內帶着免疫細胞走遍全身。

只有 **2%** 的 **T 細胞能通過測試**，餘下的 T 細胞則因其**可能攻擊人體**而提前被**排斥**！

測試並催毀

當免疫系統的 T 細胞和 B 細胞形成時，可產生隨機的受體，並將它們置於自身細胞的表面。因為這個過程是隨機的，所以這些受體可能會牢固地與「自己人」或友好的抗原相結合。因此，這些細胞在被釋放入人體之前會經過嚴格的測試，那些與自身蛋白結合的細胞會直接被摧毀。

> 同卵雙胞胎有相同的免疫系統嗎？
>
> 沒有。每個人所處的生活環境塑造了每個人獨特的免疫力。

1 胸腺
T 細胞到達胸腺（位於心臟前方的特殊淋巴腺體）並於當中發育成熟。T 細胞受體被測試，以確保它們不會與自身的蛋白形成牢固的結合。

胸腺

T 細胞受體

豆狀的淋巴結多位於腋窩和腹股溝中，是 B 細胞、T 細胞和其他免疫細胞的儲存場所

淋巴結

T 細胞

B 細胞

其他免疫細胞

T 細胞

2 T 細胞
成熟的 T 細胞被釋放入淋巴結和血液中。調節性 T 細胞是一種亞型，可對其他 T 細胞的自我耐受性提供額外檢查。

目的地
如果體內循環中存在入侵的病原體，它們最終會通過含有 T 細胞和 B 細胞的淋巴結。當這兩種免疫細胞遇到與它們的受體相匹配的外來抗原時，就會被激活。

組織相容性

組織相容性測試用於檢測受體的免疫系統會攻擊供體組織的可能性。紅細胞表面還帶着其特有的自我標記，稱為血型。血型共有兩個系統，一個是 ABO 血型系統，一個是 Rh 血型系統。這兩種系統均可提示不同受體對來自不同捐血人羣的免疫反應。例如，如果向 O 型血的人輸入任何其他血型的血液，都會產生免疫反應，因為 O 型血的人體內同時帶有抗 A 抗體和抗 B 抗體。

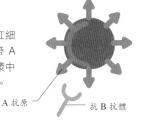

A 型血
A 型血的人紅細胞表面攜帶 A 抗原，而血漿中含抗 B 抗體。

A 抗原

抗 B 抗體

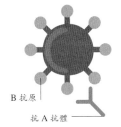

B 型血
B 型血的人紅細胞表面攜帶 B 抗原，而血漿中含抗 A 抗體。

B 抗原

抗 A 抗體

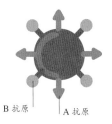

AB 型血
AB 型血的人紅細胞表面同時攜帶 A 抗原和 B 抗原，而血漿中既沒有抗 A 抗體，也沒有抗 B 抗體。

B 抗原

A 抗原

O 型血
O 型血的人紅細胞表面既沒有 A 抗原，也沒有 B 抗原，而血漿中則同時含抗 A 抗體和抗 B 抗體。

抗 B 抗體

抗 A 抗體

體內和體表的微生物

有一羣微生物在人類體內和體表生活，與人和平共處，並幫助人們保持健康。這些微生物絕大多數是細菌和真菌，通過吃死細胞來保持皮膚健康以及幫助消化等為我們帶來益處。

你的本地社區

正如可以圍繞着一個特定環境資源建造城鎮，不同的微生物地聚集在身體的特定區域。例如，皮膚上的微生物在汗腺和毛囊中的分佈最為豐富，因為在這些地方它們更容易找到賴以生存的營養物質。身體每一個區域的條件，例如潮濕、乾燥、酸性環境，決定了在這個特定區域生存的微生物種類。皮膚上的微生物也與前胸相對乾燥處的不同。在背部油性環境生活的微生物也與前胸相對乾燥處的不同。

鼻子
通過空氣傳播的微生物，增加了鼻腔微生物種羣的多樣性

口腔
在口腔中至少有600種不同類型的微生物種羣

乳腺
細菌從皮膚轉移到腺中，並可通過乳汁傳給嬰兒

腋窩
細菌以汗液為食物，並把汗液變臭

肚臍
肚臍是罕見微生物種羣的理想家園，這些微生物通常喜歡乾燥、氧氣稀疏的場所

腸道
腸道微生物的種類相對較少，但卻是迄今為止人體微生物數量最多的部分

生殖器
友好的微生物可產生化學物質，來抑制男性和女性生殖器中致病原體的生長

前臂
與皮膚其他任何部位相比，前臂所含的微生物種類最多，因為它經常與外物接觸

手
隨着每一次與不同的物體接觸及每一次洗手，手上的微生物種羣都會改變

我們是珍稀野生物種的棲息地嗎？

答案是很可能。在一項對90個人的肚臍的研究中，研究人員發現1,400種以前從未在人體發現過的細菌，其中一些是科學上的新發現。

人體生物量

人體微生物的細胞數量與人體細胞的數量之比約為 10：1。

皮膚上含有大量的微生物，但大多數都是無害的

膝蓋後方是天然的潮濕、溫暖地帶，這裏主要寄居著習溫暖、潮濕環境的微生物種群

腳底的微生物以黴菌為主，這裏大約有100種黴菌在陰涼、潮濕的環境中茁壯成長

皮膚

膝蓋後方

腳底

有益的微生物

科學正不斷揭示存在於人體內的微生物菌叢的不同類型，以及這些微生物的諸多益處。有些益處是直接的，比如吃掉死皮或改變化學環境，來阻止那麼有害微生物的生長。而另一些則不那麼明顯，例如一些腸道細菌通過減少炎症來對抗免疫系統引起鎮靜作用。有些藥物，如抗生素，也可能對製造健康的微生物產生毀滅性的影響，它們在消滅壞的微生物的同時，也可能消滅好的微生物。

中和胃酸的化學物質

表皮細胞

T細胞釋放抑制物

免疫細胞不再觸發炎症反應

細菌

快樂的菌叢＝健康的腸道

正確的膳食有助有益細菌的生長。這些細菌產生的化學物質可抑制腸道中的炎症，避免生物導致有害的細菌穿透腸壁。

體內或體表有哪些微生物？

這張圖表顯示了體內或體表區域的主要有機體類型。用大圖標表示的微生物佔種羣總量的50%以上。

圖標		
擬桿菌門	馬拉色菌屬	生活在細菌上的病毒
變形菌門	念珠菌屬	生活在人體細胞內的病毒
葡萄球菌科	曲黴屬	
硬壁菌門	其他黴菌	
棒狀桿菌		
放線菌門		

生日禮物

嬰兒在通過母親的產道出生時，收集了母親體內的一部分微生物拿來建立自己的微生物羣。出生後，這些細菌開始產生影響嬰兒微生物羣的化學物質。有許多因素都與及繁殖嬰兒體內的生物羣的發展及繁殖的種類：不同的分娩方式（與順產嬰兒相比，剖腹產嬰兒體內的細菌會有所不同）、嬰兒是否母乳餵養以及嬰兒與誰接觸過等。

我們是否太乾淨？

人們對抗菌類清潔劑的癡迷可能會對體內有益的微生物造成不利的影響。一些研究表明，過度洗手會導致更多有害微生物的生長，但是這一結論頗具爭議性，因為另一些研究卻得出了相反的結果。

損傷控制

　　當物理屏障（例如皮膚）受損時，免疫系統能很快將其修復並保護身體免受感染。首先會由局部的免疫細胞對第一批「入侵者」採取行動，如果「入侵者」的數目超過其應對能力，就會派更多的專門細胞來增援。

每滴血液中都有 375,000 個免疫細胞。

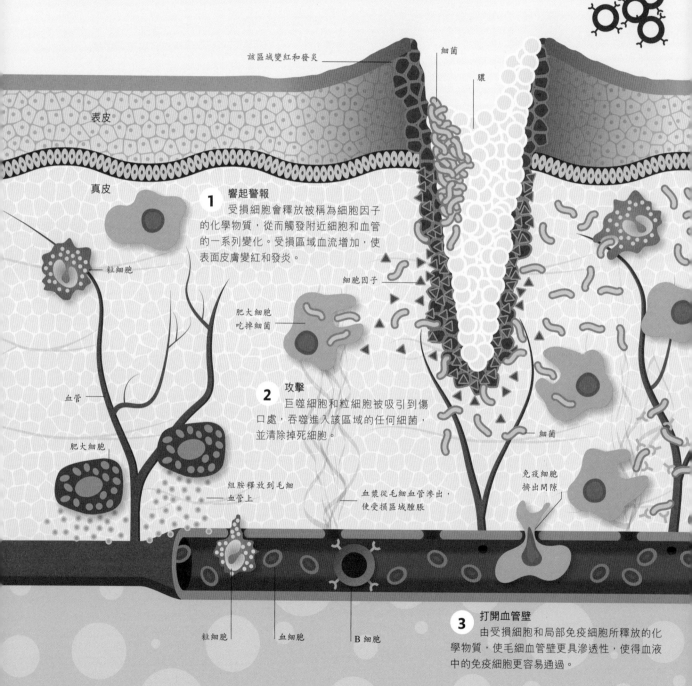

該區域變紅和發炎

細菌

膿

表皮

真皮

粒細胞

1 響起警報
受損細胞會釋放被稱為細胞因子的化學物質，從而觸發附近細胞和血管的一系列變化。受損區域血流增加，使表面皮膚變紅和發炎。

細胞因子

肥大細胞吃掉細菌

2 攻擊
巨噬細胞和粒細胞被吸引到傷口處，吞噬進入該區域的任何細菌，並清除掉死細胞。

血管

肥大細胞

細菌

組胺釋放到毛細血管上

血漿從毛細血管滲出，使受損區域腫脹

免疫細胞擠出間隙

粒細胞

血細胞

B 細胞

3 打開血管壁
由受損細胞和局部免疫細胞所釋放的化學物質，使毛細血管壁更具滲透性，使得血液中的免疫細胞更容易通過。

召喚「武器」

　　許多免疫細胞，如巨噬細胞、肥大細胞和粒細胞，都生活在真皮中。如果皮膚被割傷了，肥大細胞檢測到受傷的細胞，會釋放組胺，令附近的血管腫脹。這樣就增加了流向該區域的血液，使傷口發熱，但同時也將其他免疫細胞迅速帶到該部位。而細菌進入傷口的標誌是形成膿，膿是免疫細胞死亡後積聚的殘留物。

為甚麼隨着年齡增長，
傷口癒合需要更長的時間？

隨着年齡的增長，血管會變得更加脆弱，使得將免疫細胞輸送到傷口處更加困難。

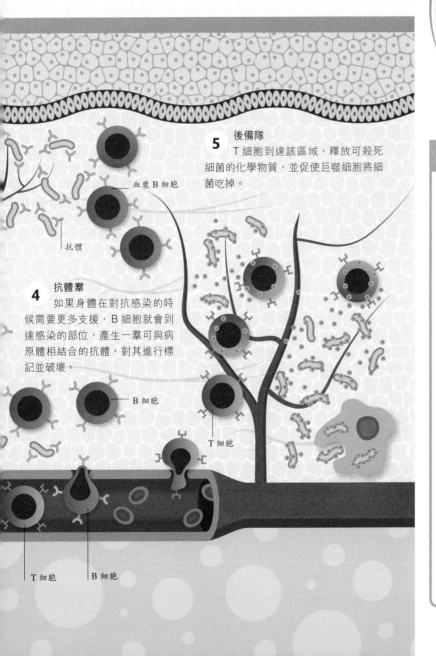

5　後備隊
T細胞到達該區域，釋放可殺死細菌的化學物質，並促使巨噬細胞將細菌吃掉。

血漿 B 細胞

抗體

4　抗體羣
如果身體在對抗感染的時候需要更多支援，B細胞就會到達感染的部位，產生一羣可與病原體相結合的抗體，對其進行標記並破壞。

B 細胞

T 細胞

T 細胞　　B 細胞

蛆蟲療法

　　如果皮膚的傷口不能正常癒合，或是常規的治療不起作用，那麼可以嘗試一下蛆蟲療法。這些小的蒼蠅幼蟲可以非常精準地吃掉死亡細胞，而只留下健康的細胞。當它們吃掉死亡細胞的時候，可以分泌抗菌的化學物質，這些化學物質不但能夠保護蛆蟲本身，而且會殺死細菌，甚至那些對抗生素有抵抗力的細菌。這些分泌物也有助抑制傷口的炎症並促進傷口癒合。

蠅蛆

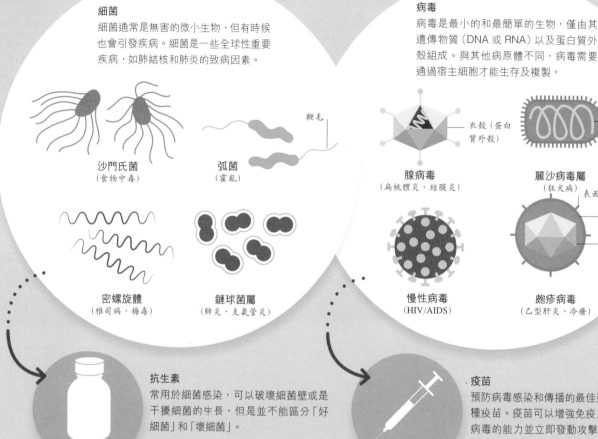

細菌

細菌通常是無害的微小生物,但有時候也會引發疾病。細菌是一些全球性重要疾病,如肺結核和肺炎的致病因素。

沙門氏菌
(食物中毒)

弧菌
(霍亂)

鞭毛

密螺旋體
(雅司病、梅毒)

鏈球菌屬
(肺炎、支氣管炎)

病毒

病毒是最小的和最簡單的生物,僅由其遺傳物質(DNA 或 RNA)以及蛋白質外殼組成。與其他病原體不同,病毒需要通過宿主細胞才能生存及複製。

衣殼(蛋白質外殼)

RNA(遺傳物質)

腺病毒
(扁桃體炎、結膜炎)

麗沙病毒屬
(狂犬病)

表面蛋白質

包膜

衣殼

慢性病毒
(HIV/AIDS)

皰疹病毒
(乙型肝炎、冷瘡)

抗生素

常用於細菌感染,可以破壞細菌壁或是干擾細菌的生長,但是並不能區分「好細菌」和「壞細菌」。

疫苗

預防病毒感染和傳播的最佳途徑是接種疫苗。疫苗可以增強免疫系統識別病毒的能力並立即發動攻擊(參見第184 ~ 185 頁)。

感染性疾病

細菌、病毒、寄生蟲和真菌一直生活在人類體內和體表。它們絕大多數是無害的,但某些種類的微生物屬於病原體,一旦條件發生改變,使得它們生長旺盛,則可能會致病。也有一些感染性疾病由他人或動物傳染給我們,感染的徵兆往往是發燒。

不受歡迎的訪客

依靠人體細胞或組織生活的生物體稱為寄生蟲,主要分為五個類型:細菌、病毒、真菌、動物和原生動物。當它們找到有利條件時,便會迅速繁殖,過程中可能會產生有害的物質或反應,使人體感到不適,並引起免疫系統產生反應。

 打一次噴嚏就可以噴出 **10 萬個細菌**。

動物和原生動物

人體還受到寄居在體表或體內的微小動物以及被稱為原生動物的單細胞生物體的攻擊。有些生物大到可以用肉眼看到，比如蠕蟲；有些則只能通過顯微鏡看到，比如可引起腹瀉的原生動物賈第鞭毛蟲。

真菌

真菌一直存在於體內和體表，但有時真菌中的病原菌佔主導，並引起一些疾病，如腳癬或鵝口瘡。

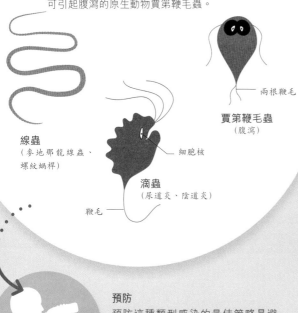

兩根鞭毛

賈第鞭毛蟲
（腹瀉）

線蟲
（麥地那龍線蟲、
螺紋蝸桿）

細胞核

滴蟲
（尿道炎、陰道炎）

鞭毛

球孢子菌屬
（山谷熱）

分節孢子

隱球菌屬
（肺或腦膜隱球菌病）

孢子體

曲霉屬
（肺部感染）

預防

預防這種類型感染的最佳策略是避免危害健康的活動和區域、警惕不安全的食物和水源，以及服用專家推薦的預防性藥物。

抗真菌藥物

真菌感染是依據其感染部位（身體內部或外部）進行治療的。抗真菌藥物要麼通過破壞真菌的細胞壁對其進行直接攻擊，要麼抑制真菌的生長。

疾病是如何傳播的？

感染性疾病的種類有很多，但是有些感染性疾病只影響相對較少的個體，被局限在較小範圍內。只有那些容易通過人與人接觸傳播的疾病才被稱為傳染病。很多病原體在人羣之間都不是直接傳播，而是通過空氣、水、人所接觸的物體或是被污染的食物來傳播的。人畜共通病是指動物的感染傳播給人類，通常通過動物叮咬來傳播。

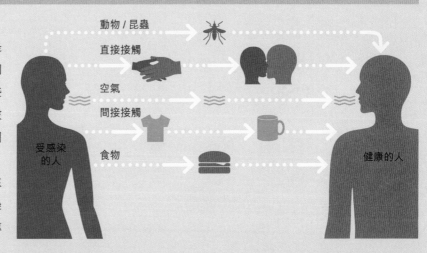

動物/昆蟲

直接接觸

空氣

間接接觸

食物

受感染的人

健康的人

找出問題

如果免疫系統不能應對某一次大型的感染，那麼身體就會啟動第二個更有針對性的對抗反應。B 細胞對曾經攻擊過人體的有害微生物具有記憶，當識別到它們時，就會產生抗體來包圍這個病原體，並將其標記，以供其他免疫細胞進行破壞。

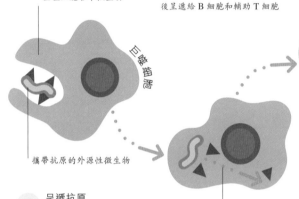

輔助性 T 細胞通過釋放化學物質來刺激 B 細胞

T 細胞

B 細胞

巨噬細胞吞下微生物

巨噬細胞將抗原放在外膜上，然後呈遞給 B 細胞和輔助 T 細胞

攜帶抗原的外源性微生物

微生物被消化並分解成碎片

B 細胞自我複製產生兩種類型的克隆——記憶 B 細胞和漿細胞

1 呈遞抗原
當巨噬細胞吞下病原微生物後，會將其分解，並將該微生物的抗原（表面蛋白）放在其細胞壁上。這個巨噬細胞就被稱為抗原呈遞細胞。

2 幫手
B 細胞在與抗原相結合時就已開始做好各項準備，但是直到輔助性 T 細胞識別並與 B 細胞結合在同一抗原上時，B 細胞才被完全激活。隨後，輔助細胞釋放可以使 B 細胞產生抗體的化學物質。

激活抗體

B 細胞是白細胞的一種，它們不斷地在血管中「巡邏」或是在淋巴結中等待（參見第 170～171頁）。當 B 細胞遇到它識別的抗原時，就會立即被啟動，準備自我複製。但是只有當免疫系統的另一個細胞——輔助性 T 細胞識別並與 B 細胞結合在同一抗原上時，B 細胞才會開始自我複製並釋放抗體。

單個 **B 細胞**的外表面可能有多達 **10 萬個抗體**。

抗體檢測

血液檢測可以顯示在感染過程中免疫球蛋白（抗體的另一個名稱）的水平。IgM 是身體出現第一個感染徵兆時產生的大型抗體，但是很快就會消失。而 IgG 是在感染後期產生、更具特異性且持續終生的抗體。IgM 值較高說明人體正在經歷感染，而 IgG 上升僅僅表明人曾經感染過某個病原體。

IgM 複合體為五聚體，當其與抗原反應時，五個單體協同作用，效應顯著強於 IgG

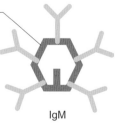

IgG   IgM

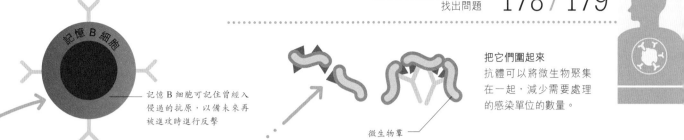

記憶 B 細胞

記憶 B 細胞可記住曾經入侵過的抗原，以備未來再被進攻時進行反擊

把它們圍起來
抗體可以將微生物聚集在一起，減少需要處理的感染單位的數量。

微生物叢

漿細胞

有包膜的微生物

可口的「食物」
抗體與微生物表面抗原結合會吸引巨噬細胞，並促成它們吞噬微生物。

「無處着陸」
抗體可以阻止微生物黏附於其他細胞，因此這些微生物就不能入侵，或進行自我繁殖。

表皮

3　釋放抗體
B 細胞可進行自我克隆。在這些克隆中，有一些細胞稱為記憶細胞，但大多數會變為漿細胞，漿細胞可產生針對入侵抗原特異性的抗體。這些抗體隨後被釋放到血液中。

4　使病原體失效
抗體與入侵的微生物結合，使其失去功能。同時，抗體對這些微生物進行標記，以供其他免疫細胞進行破壞。

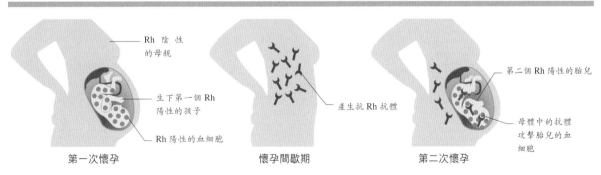

Rh 陰性的母親

生下第一個 Rh 陽性的孩子

Rh 陽性的血細胞

第一次懷孕

產生抗 Rh 抗體

懷孕間歇期

第二個 Rh 陽性的胎兒

母體中的抗體攻擊胎兒的血細胞

第二次懷孕

溶血性病患嬰兒

Rh 因子是紅細胞表面的一種蛋白質。紅細胞表面含有 Rh 因子的人稱為 Rh 陽性者。當 Rh 陰性母親與她的 Rh 陽性胎兒的血液混合（來自父親的 Rh 陽性基因）時，會產生抗 Rh 抗體。如果這個母親未來再懷一個 Rh 陽性的胎兒，母親體內的抗 Rh 抗體就可能攻擊這個胎兒。但是，在懷孕早期注射抗 Rh 抗體通常可以降低這種風險。

沒那麼安全的「避風港」
第一個 Rh 陽性胎兒出生時與母體血液發生混合，從而致使母體中產生抗 Rh 抗體，當這個母親懷上第二個 Rh 陽性胎兒時，其體內的抗 Rh 抗體會攻擊第二個孩子血液中紅細胞上的 Rh 因子。這是因為母親的抗體實際上可以穿過胎盤進入嬰兒的血液。

「暗殺小隊」

免疫系統可以刺激某些細胞進入體內，一對一地攻擊入侵者。這些細胞被稱為 T 細胞，它們獵殺受到感染和變異的細胞。

保持控制權

T 細胞是一種白細胞，在治療感染方面起着關鍵作用。T 細胞存在於血液和淋巴循環中，並在人體細胞的表面尋找外來抗原。這些特徵蛋白表明細胞已經被微生物侵入，或者已經發生了嚴重的畸變。T 細胞還可以指導其他免疫細胞的行為，並刺激 B 細胞產生抗體。

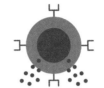

調節性 T 細胞對預防**自身免疫性疾病**至關重要。

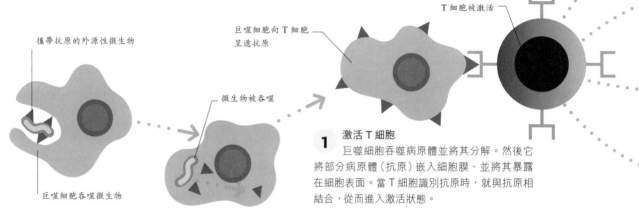

攜帶抗原的外源性微生物

巨噬細胞吞噬微生物

微生物被吞噬

巨噬細胞向 T 細胞呈遞抗原

T 細胞被激活

1 激活 T 細胞
巨噬細胞吞噬病原體並將其分解。然後它將部分病原體（抗原）嵌入細胞膜，並將其暴露在細胞表面。當 T 細胞識別抗原時，就與抗原相結合，從而進入激活狀態。

癌症的免疫治療

免疫療法是一種旨在幫助免疫系統對抗癌症的療法。具體的手段有很多種，基本原理是使癌細胞更容易被免疫系統識別，或者首先在實驗室通過繁殖細胞或細胞因子，然後再將其注入患者體內，以增強免疫系統功能。

無反應

已注射疫苗

癌細胞

T 細胞

疫苗

癌症疫苗
癌症疫苗是癌症免疫治療的方式之一，可促使免疫系統僅靶向癌細胞。

1 沒有威脅
癌症是指細胞失去控制後進行無限制分裂的一種疾病。免疫系統可能無法將這些細胞識別為異常，因為癌細胞本質上也是人體自身的細胞。

2 識別敵人
癌細胞表面含有與正常細胞相同的「自己人」抗原，但也會產生自己特有的抗原。癌症疫苗會設計成與癌細胞抗原相匹配的形狀。

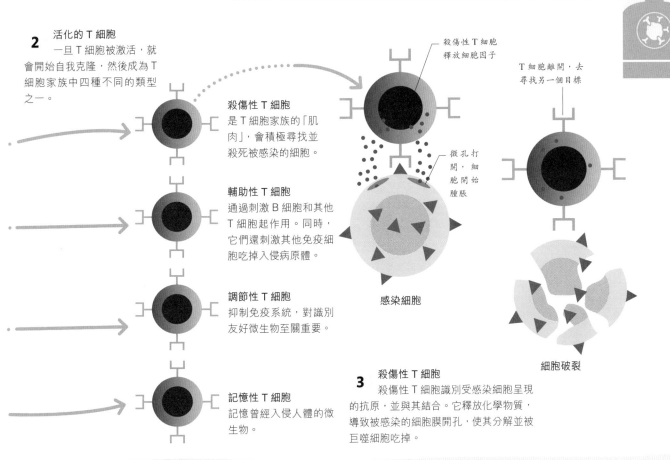

2 活化的 T 細胞
一旦 T 細胞被激活，就會開始自我克隆，然後成為 T 細胞家族中四種不同的類型之一。

殺傷性 T 細胞
是 T 細胞家族的「肌肉」，會積極尋找並殺死被感染的細胞。

輔助性 T 細胞
通過刺激 B 細胞和其他 T 細胞起作用。同時，它們還刺激其他免疫細胞吃掉入侵病原體。

調節性 T 細胞
抑制免疫系統，對識別友好微生物至關重要。

記憶性 T 細胞
記憶曾經入侵人體的微生物。

殺傷性 T 細胞釋放細胞因子

T 細胞離開，去尋找另一個目標

微孔打開，細胞開始腫脹

感染細胞

細胞破裂

3 殺傷性 T 細胞
殺傷性 T 細胞識別受感染細胞呈現的抗原，並與其結合。它釋放化學物質，導致被感染的細胞膜開孔，使其分解並被巨噬細胞吃掉。

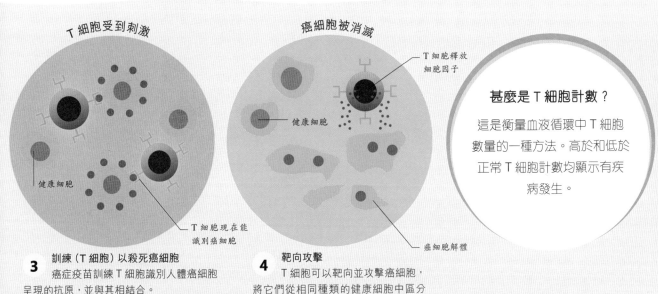

T 細胞受到刺激

健康細胞

T 細胞現在能識別癌細胞

癌細胞被消滅

T 細胞釋放細胞因子

健康細胞

癌細胞解體

甚麼是 T 細胞計數？

這是衡量血液循環中 T 細胞數量的一種方法。高於和低於正常 T 細胞計數均顯示有疾病發生。

3 訓練（T 細胞）以殺死癌細胞
癌症疫苗訓練 T 細胞識別人體癌細胞呈現的抗原，並與其相結合。

4 靶向攻擊
T 細胞可以靶向並攻擊癌細胞，將它們從相同種類的健康細胞中區分開來。

普通感冒和流感

　　人們一次又一次患感冒，是因為引起感冒的病毒每次都發生變異，因此下一次感冒時，人體的免疫系統就無法識別它。通常，感冒表現出來的症狀是免疫系統和病毒之間對抗的結果，並不是直接由病毒本身引起的。

普通感冒還是流感？

　　普通感冒和流感的許多症狀相似，使得兩者難以區分。引起普通感冒的病毒很多，而流感則是由三種病毒亞型引起的。一般來說，普通感冒的症狀比流感要溫和得多。

普通感冒
普通感冒的症狀包括頻繁打噴嚏、輕度到中度發燒、體能下降和疲倦。有超過 100 種病毒可以引起普通感冒，並且可在一年中的任何時候發生。

共同症狀
普通感冒和流感都屬於上呼吸道感染。兩種疾病都可能導致流鼻涕、喉嚨痛、咳嗽、頭痛、身體疼痛、打冷顫。

流感
流感是由 A、B、C 型病毒引起的。流感可能導致中高度發燒和持續疲勞。它通常在冬季感染，並且可能發展成更嚴重的疾病，例如肺炎。

病毒如何入侵細胞

　　病毒需要入侵並依託健康的細胞來進行複製。病毒欺騙細胞複製出病毒。細胞的胞核是人體中儲存可編碼蛋白質信息的地方。病毒被一層蛋白質包裹，可以脅持細胞去製造病毒蛋白而不是正常的人體蛋白。一旦病毒被複製，就會繼而進入人體的其他細胞，如此往復。這一過程對於普通感冒和流感都是相同的。

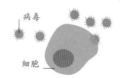

1 病毒附着在人體細胞上，而細胞將病毒吞噬。

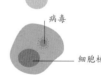

2 細胞中的物質開始剝離病毒的外殼蛋白。

3 病毒釋放核酸，準備被複製。

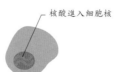

4 人體細胞被偽裝成自身 DNA 的病毒所誘導，複製病毒的核酸。

5 細胞忽略了自身的化學需要，轉而製造新的病毒核酸，成為病毒的複製品。

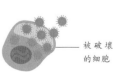

6 宿主細胞釋放病毒，導致細胞被破壞，而病毒繼續入侵其他細胞。

頭痛

一般認為，在免疫反應過程中釋放的化學混合物會增加大腦疼痛神經的敏感度，從而引起頭痛。

情緒波動

因流涕和睡眠不足而煩躁，會導致情緒的變化

鼻腔和鼻竇的血管擴張以及黏液積聚，導致頭部有發脹的感覺

鼻竇

鼻竇炎會刺激鼻腔分泌黏液。黏液增加可形成屏障，阻止病毒入侵

流鼻涕

打噴嚏

組胺的釋放會刺激人打噴嚏，有助將病毒細胞從鼻腔清除。然而，同時也會傳播病毒

發燒

體溫上升是人體免疫系統對抗感染的另一種方式。人體溫度調節系統將「正常體溫」重置到更高的水平，以增強抵抗感染所需的免疫反應。只要是低燒，就沒必要擔心，但如果持續發燒，應該引起重視。

免疫反應

病毒入侵口腔或鼻腔內的上皮細胞，從而引起免疫反應，這就是出現普通感冒或流感症狀的「罪魁禍首」。受侵襲的上皮細胞釋放一種包括組胺在內的化學混合物，進而引起鼻竇炎，同時釋放細胞因子，指揮體內的細胞參與免疫反應。

咽喉腫痛

咳嗽是一種反射動作，可清除氣道裏積聚的黏液，這可能是由炎症細胞和一些化學物質的釋放而觸發的

咽喉上皮細胞發炎是感冒和流感的最初症狀之一，因此常常作為「你快要病倒了」的警告信號

咳嗽

疲憊

所有這些症狀都會打亂正常的睡眠模式。細胞因子會加重人體的疲憊感，迫使身體減慢新陳代謝，以對抗病毒。

打冷顫

打冷顫會提升體溫，因為肌肉的快速收縮會產生熱量，有助免疫反應對抗感染。

疫苗的作用

　　預防感染性疾病傳播的最有效辦法之一，就是通過接種疫苗來增強免疫系統。疫苗可以「訓練」免疫系統，以對病原體進行快速而猛烈的攻擊。

羣體免疫

　　為一個羣體的大部分人羣（約 80%）接種疫苗，甚至可以保護那些沒有接種疫苗的人。當疾病傳播給接種過疫苗的人時，這些人的免疫系統就立即啟動並將病原體摧毀，從而阻止該疾病進一步傳播。這個措施有於保護因年齡或疾病而不能接種疫苗的人。廣泛接種疫苗可以完全消除某些疾病，例如天花。

圖例

未接種疫苗但仍然健康

接種了疫苗而且健康

未接種疫苗，生病並具有傳染性

安全第一
如果有足夠數量的人接種疫苗，就可以遏制傳染性疾病。接種疫苗也有助防止那些已經患有某種疾病的人因傳染性疾病影響病情惡化。

接種還是不接種疫苗？

　　疫苗的使用存在爭議。一些家長由於擔心疫苗可能出現副作用而拒絕為孩子接種疫苗，這就導致了一些原本可以預防的疾病出現爆發，例如麻疹和百日咳。如果羣體中只有一小部分人羣接種了疫苗，那麼該羣體的免疫力就會崩潰。

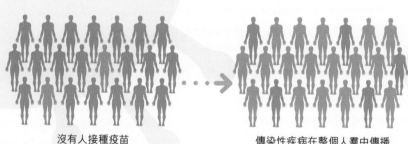
沒有人接種疫苗　　　　　　傳染性疾病在整個人羣中傳播

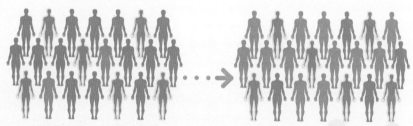
羣體中一部分人接種了疫苗　　傳染性疾病在一部分人羣中傳播

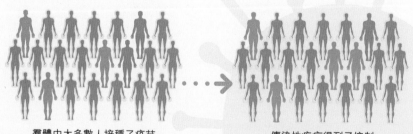
羣體中大多數人接種了疫苗　　傳染性疾病得到了控制

疫苗的種類

　　每種疫苗是為一種特定的病原體而設計，旨在啟動免疫系統。疫苗的原理是：首先向人體注射一個無害的病原體，使免疫系統產生相應的抗體。當人體再次受到同一種抗原「真正的」攻擊時，免疫系統就會行動起來，除掉病原體。但實際上並不容易，殺掉病原體雖說安全，但有時疫苗並不會產生免疫反應。還有一些疾病發展得非常迅速，免疫中的記憶系統無法及時反應，因此就需要給予增強免疫接種，提醒免疫系統時刻「警醒」。

為甚麼接種疫苗
會讓人感覺不舒服？

接種疫苗會刺激免疫反應，並在某些人身上出現症狀，但是這恰恰說明疫苗是有效的。

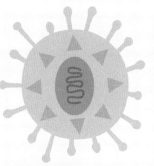

滅活的病原體
病原體被熱、輻射或化學物質殺死。可用於製備流感、霍亂和鼠疫疫苗。

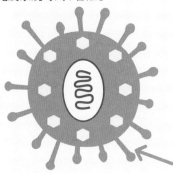

相關的微生物
某種可引起其他物種的疾病，或較少甚至於會在人體引起疾病的病原體有時會被使用。例如，結核疫苗是由一種感染牛的細菌製成的。

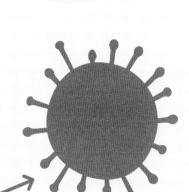

具有活性但並不危險的病原體
病原體仍然具有活性，但是有害的部分已被去除或者失能。用於制備麻疹、風疹和腮腺炎疫苗。

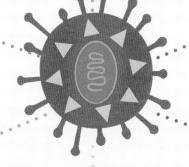

原發病病原體

DNA
病原體的 DNA 被注入人體內，人體自身的細胞複製、轉錄該DNA，並翻譯成蛋白，從而觸發了免疫反應。可用於預防日本腦炎。

馴化的毒素
由致病病原體釋放的有毒化合物被熱、輻射或化學物質滅活。用於制備破傷風和白喉疫苗。

小片狀病原體
病原體的碎片，如細胞表面的蛋白質，被用來替代整個病原體。用於制備乙型肝炎病毒和人類乳頭瘤病毒（HPV）的疫苗。

免疫系統問題

有時免疫系統太過活躍，會攻擊那些無害的物質，甚至攻擊身體自身的細胞。過敏、花粉熱、哮喘和濕疹都是由過度敏感的免疫系統引起的。而另一些時候，免疫系統可能缺乏足夠的反應（或比較遲鈍），使身體容易受到感染。

食物過敏是免疫反應嗎？

是的。與花粉熱類似，對某些食物過敏會引起從口腔到腸道的炎症反應。嚴重的敏感可能會導致過敏反應。

過敏性休克

有時，免疫系統在遇到諸如螫刺或堅果之類的致敏原時會引起極為劇烈的反應，由此導致的症狀包括眼睛或臉部發癢，隨後迅速出現臉部的極度腫脹、蕁麻疹、吞咽困難和呼吸困難。這是一種醫療急症，需要通過注射腎上腺素來治療。腎上腺素可收縮血管以減少腫脹並放鬆氣管周圍的肌肉。

肥大細胞

軟骨侵蝕

關節

發炎的關節

B 細胞

類風濕性關節炎
如果免疫系統攻擊關節周圍的細胞，從而引起炎症反應，就會導致被稱為類風濕性關節炎的自身免疫性疾病。這種情況下關節會腫脹、發炎並且非常疼痛。最終，會對關節和周圍的組織造成永久性的損傷。

免疫系統超負荷

大多數免疫系統問題都源於遺傳和環境因素的結合。雖然免疫反應常常是由於暴露在環境中的物質（例如花粉、食物或皮膚上或空氣中的刺激物）觸發的，但有些人的遺傳基因使得他們更容易發生這種免疫反應。即使是自身免疫性疾病（當免疫系統錯誤地攻擊自身健康的身體組織時），如類風濕性關節炎，也可能會因為導致身體其他部位發炎的刺激物而變得更糟糕。免疫系統過於敏感的人可能會經歷多種免疫系統問題，例如，許多哮喘患者同時患有過敏症。

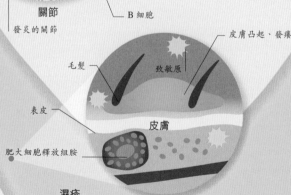

皮膚凸起、發癢

毛髮

致敏原

表皮

皮膚

肥大細胞釋放組胺

濕疹
濕疹的原因目前尚不清楚，但是有人認為它是由免疫系統與皮膚之間錯誤的信息「交流」所導致的。濕疹可能是由於皮膚上的刺激物（致敏原）刺激皮膚下方的免疫系統，啟動炎症反應，導致皮膚腫脹和發紅。

過敏與現代生活方式

越發達的國家，患有過敏症的人越多；而且自二次大戰以來，其發病率一直在上升。這種現象的具體原因尚存在爭議，但有一個共識是，這可能是由於在兒童時期免疫系統暴露於較少微生物。

鼻竇

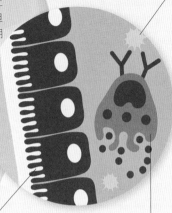

致敏原

花粉熱

許多人對花粉或塵土都有一種特殊的致敏反應，稱為花粉熱。當致敏原在眼睛和鼻子的表皮下方與免疫細胞膜相結合時，會觸發這些細胞釋放組胺，從而進一步引起炎症，包括發癢、流淚和打噴嚏。

表皮

鼻內膜

肥大細胞分泌組胺

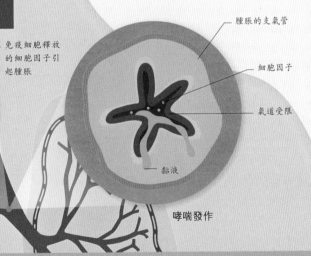

支氣管內皮

致敏原

免疫細胞釋放的細胞因子引起腫脹

免疫細胞

正常的免疫反應

腫脹的支氣管

細胞因子

氣道受限

黏液

哮喘發作

肺

哮喘

哮喘發作是指肺部支氣管痙攣導致喘息、咳嗽和呼吸困難。哮喘發作是由於肺部對環境中的某些刺激物產生過敏反應所引起的。目前已有證據表明哮喘可以遺傳。

免疫力減弱

當免疫系統減弱或消失，稱為免疫缺陷。免疫缺陷可由遺傳缺陷、HIV 或 AIDS、某種癌症、慢性疾病、化療，或必須在移植手術後服用免疫抑制劑造成。免疫力弱的人必須盡可能避免即使是最簡單的感染（例如感冒），因為他們的身體不能在發生感染時有效對抗。他們甚至接種疫苗都有引起感染的風險。

生物危害

化學
平衡

化學調節器

內分泌系統中，有一些器官專門負責產生激素；而另一些器官，例如胃和心臟，則還有其他更為人們所熟悉的功能。每個器官從身體接收信息，並通過增加或減少某種激素的分泌作出反應。激素充當信使，命令令細胞「保持平衡」，或指令令身體作出短期或長期的轉變，如青春期。

睡覺

松果體

當光線變暗時，松果體釋放褪黑素，使人昏昏欲睡。松果體與下丘腦之間的合作非常密切。

神經系統

下丘腦

下丘腦是大腦中連接神經系統和內分泌系統的部分。下丘腦位於腦垂體上方，並與其密切合作。除此之外，它還可以調控口渴和疲勞的感覺，以及控制體溫。

能量

甲狀腺

甲狀腺分泌可控制生長和代謝率的激素。同時，甲狀腺還分泌降鈣素，促進骨骼中鈣的儲存。

免疫

胸腺

胸腺分泌的激素可刺激對抗病原體的T細胞生成。胸腺最活躍的時期是在嬰兒和青少年期，並在成年期萎縮。

腦垂體

腦垂體儘管只有豌豆那麼大，但它有時候卻被稱為「主腺」。它控制着其他組織的生長和發育，以及其他內分泌腺的功能。

生長

甲狀旁腺

甲狀旁腺是附着在甲狀腺上的四個微小腺體，可調節血液及骨骼中鈣的水平。甲狀旁腺釋放一種對胃腸、小腸和骨骼起作用的激素，以提高血液中的鈣水平。

鈣

下丘腦

松果體

腦垂體

甲狀腺

甲狀旁腺

胸腺

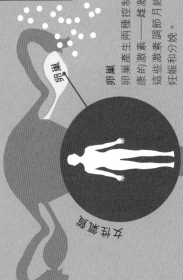

睾丸
睾丸分泌男性激素睾酮。睾酮在男孩的身體發育中起重要作用，可維持男性的性慾、肌肉力量和骨質密度。

胃
當胃部充盈時，其內壁細胞分泌胃泌素，這是一種可刺激鄰近細胞分泌胃酸的激素。胃酸可以幫助人體消化食物（參見第142～143頁）。

卵巢
卵巢產生兩種控制女性生殖健康的激素——雌激素和孕酮。這些激素調節月經週期、控制妊娠和分娩。

腎臟
當腎臟檢測到血液中氧水平較低時，會分泌一種激素，以刺激骨髓中紅細胞的生成。

心臟
心臟組織分泌的激素可以促使腎臟排水。這樣可以減少血容量，從而降低血壓。

腎上腺
腎上腺產生的激素（例如腎上腺素）可以控制「戰鬥或逃跑」反應。腎上腺同時也有助調節血壓和新陳代謝，並分泌少量的睾酮和雌激素。

胰腺
除了產生消化酶外，胰腺還產生可以控制血糖水平的胰島素和胰高血糖素（參見第158～159頁）。

採取行動

消化

激素「工廠」

被稱為激素的分子走遍全身各處，可促使組織變化，進而調節睡眠、生殖、消化，到生長以及懷孕等所有一切。所有的激素都是由統稱為內分泌系統的器官分泌並釋放到血中。

激素如何運作

激素是在身體的器官和組織之間充當信使的分子。激素被釋放到血液中，輸送到全身各處。但是激素僅對具有受體的細胞起作用，而且每種激素都有各自特定的受體。有些受體漂浮在靶細胞的細胞質中，另一些則在細胞膜上排列。

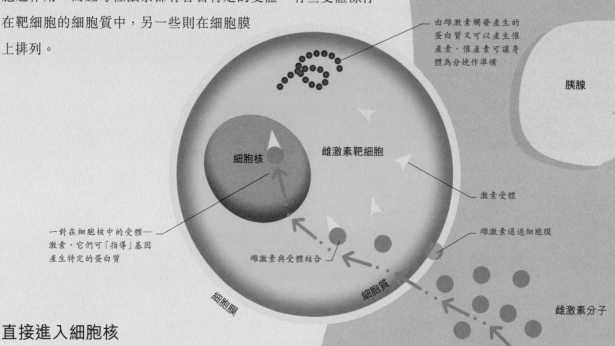

由雌激素觸發產生的蛋白質又可以產生催產素。催產素可讓身體為分娩作準備

胰腺

雌激素靶細胞

激素受體

細胞核

雌激素通過細胞膜

一對在細胞核中的受體—激素，它們可「指導」基因產生特定的蛋白質

雌激素與受體結合

細胞質

雌激素分子

細胞膜

雌激素
雌激素是由卵巢產生的一種脂溶性激素。雌激素可靶向身體絕大多數細胞，與雌激素受體結合，然後觸發可幫助形成及維持女性生殖器官的基因。

卵巢

直接進入細胞核

有些激素可以直接穿過靶細胞的外膜。這些激素的受體在細胞質中等待着，一旦激素穿過細胞膜，它們就與受體相結合，並一起進入細胞核。在細胞核裏，該對受體—激素與 DNA 結合，並激活一個特定基因。

激素觸發因子

內分泌腺體通過分泌激素來對某種觸發作出反應。這些觸發因素可分為三種：血液的變化、神經刺激或是來自其他激素的指示。然而，這些觸發本身往往是對外界信息的回應。例如，當天黑時，褪黑素被釋放出來，以幫助入睡（參見第 198 ～ 199 頁）。

由血液觸發
當感覺細胞檢測到血液或其他體液的變化時，一些激素就會被釋放出來。例如，當血液中的鈣水平較低時，甲狀旁腺就會釋放甲狀旁腺激素（參見第 194 ～ 195 頁）。

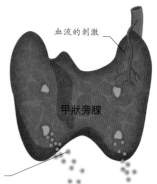

血流的刺激

甲狀旁腺

甲狀旁腺激素釋放

靶細胞可含有
**5,000 到 10 萬
個激素受體。**

甚麼是激素療法？

激素可以觸發全身的變化。例
如，操控性激素可用來
改變人的性別。

細胞膜

激素受體

細胞核

肝臟細胞

胰高血糖素
分子

細胞質

胰高血糖素與
細胞表面的受
體相結合

受體觸發

第二信使蛋白是由於胰高血
糖素觸發而產生的，它的工
作是刺激肝臟產生葡萄糖

胰高血糖素
胰高血糖素由胰腺釋放，靶向肝細
胞，並與肝細胞表面的受體相結合。
這可促進細胞器將糖原轉化為葡萄糖
（參見第 156 ～ 157 頁）。

站在門外的信使

　　另一類激素不能通過細胞的外膜。這些激素可
與細胞表面的受體結合，觸發細胞產生「第二信使」
蛋白，從而導致細胞內的進一步變化。

由神經觸發
許多內分泌腺是由神經
脈衝刺激的。例如，當
感受到身體的壓力時，
會發出一個脈衝，並沿
著神經傳至腎上腺，
導致腎上腺分泌「戰鬥
還是逃跑」激素——腎
上腺素（參見第 240 ～
241 頁）。

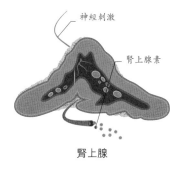

神經刺激

腎上腺素

腎上腺

由激素觸發
激素還可以受其他激素
的刺激而被釋放。例如，
下丘腦產生一種激素，
這種激素可以下行至腦
垂體並使其釋放第二種
激素（生長激素），進而
刺激生長，並促進新陳
代謝。

下丘腦

激素刺激

腦垂體

生長激素

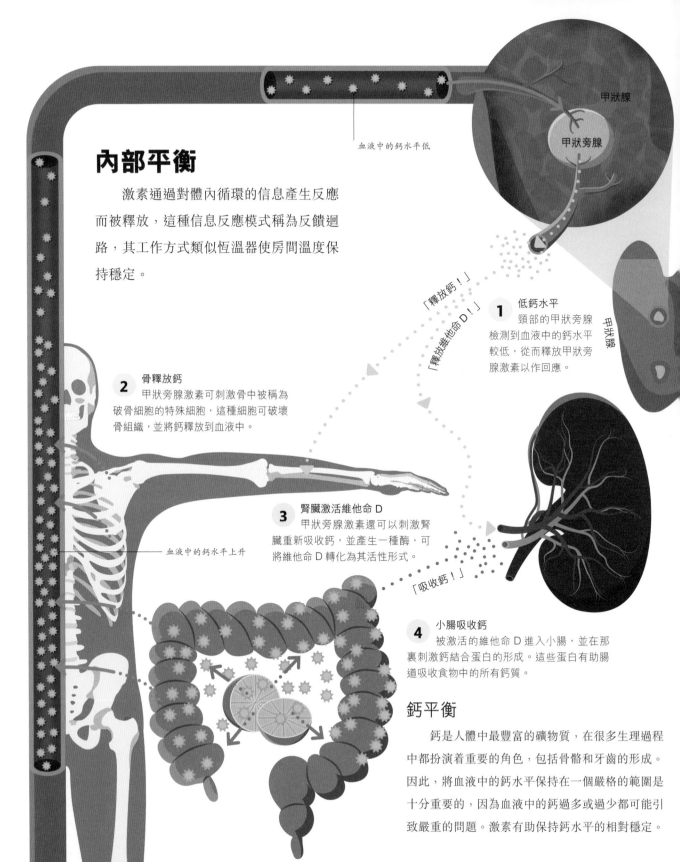

內部平衡

　　激素通過對體內循環的信息產生反應而被釋放，這種信息反應模式稱為反饋迴路，其工作方式類似恆溫器使房間溫度保持穩定。

血液中的鈣水平低

甲狀腺

甲狀旁腺

甲狀腺

「釋放鈣！」

「釋放維他命 D！」

1 低鈣水平
頸部的甲狀旁腺檢測到血液中的鈣水平較低，從而釋放甲狀旁腺激素以作回應。

2 骨釋放鈣
甲狀旁腺激素可刺激骨中被稱為破骨細胞的特殊細胞，這種細胞可破壞骨組織，並將鈣釋放到血液中。

3 腎臟激活維他命 D
甲狀旁腺激素還可以刺激腎臟重新吸收鈣，並產生一種酶，可將維他命 D 轉化為其活性形式。

血液中的鈣水平上升

「吸收鈣！」

4 小腸吸收鈣
被激活的維他命 D 進入小腸，並在那裏刺激鈣結合蛋白的形成。這些蛋白有助腸道吸收食物中的所有鈣質。

鈣平衡

　　鈣是人體中最豐富的礦物質，在很多生理過程中都扮演着重要的角色，包括骨骼和牙齒的形成。因此，將血液中的鈣水平保持在一個嚴格的範圍是十分重要的，因為血液中的鈣過多或過少都可能引致嚴重的問題。激素有助保持鈣水平的相對穩定。

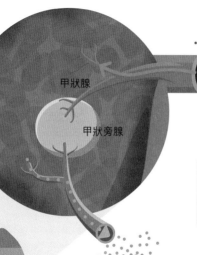

甲狀腺

甲狀旁腺

血液中的鈣水平高

鈣的調節
- PTH（甲狀旁腺激素）
- 鈣
- 降鈣素（激素）
- 維他命 D

降鈣素能減少骨質流失，所以會給予患有骨質疏鬆症的人使用。

1 高鈣水平
甲狀腺檢測到血液中的鈣水平較高，會產生降鈣素以作反應，同時，甲狀旁腺停止產生甲狀旁腺激素。

「儲存鈣！」

「清除鈣！」

2 骨儲存鈣
不再有甲狀旁腺激素刺激破骨細胞，對骨造成破壞。相反，降鈣素刺激骨中的其他細胞（稱為成骨細胞），並利用血液中的鈣來構建骨組織。

血液中的鈣水平下降

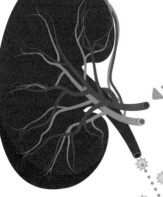

3 腎臟排出鈣
降鈣素還可抑制腎臟對鈣的吸收，因此過量的鈣可以通過尿液排泄出體外（參見第 150 ～ 151 頁）。甲狀旁腺激素下降，同樣也可以阻止維他命 D 在腎臟中激活，因此鈣被存留在腎中。

4 小腸停止吸收鈣
如果沒有活化的維他命 D，產生的鈣結合蛋白就會減少，小腸所吸收的鈣也同時減少。

激素的變化

當身體發生重要的變化時，激素的改變常常會影響行為，例如，青少年的多變情緒。事實上，日常行為也會影響激素水平，反過來又會對健康產生嚴重的影響。

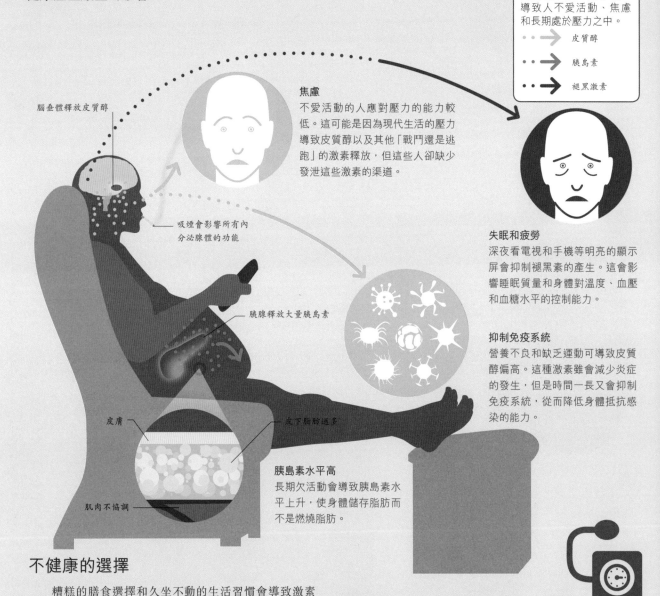

激素和壓力
以下三種激素可在一系列行為中起一定作用，導致人不愛活動、焦慮和長期處於壓力之中。

- ⋯⋯→ 皮質醇
- ⋯⋯→ 胰島素
- ⋯⋯→ 褪黑激素

腦垂體釋放皮質醇

焦慮
不愛活動的人應對壓力的能力較低。這可能是因為現代生活的壓力導致皮質醇以及其他「戰鬥還是逃跑」的激素釋放，但這些人卻缺少發洩這些激素的渠道。

吸煙會影響所有內分泌腺體的功能

胰腺釋放大量胰島素

失眠和疲勞
深夜看電視和手機等明亮的顯示屏會抑制褪黑素的產生。這會影響睡眠質量和身體對溫度、血壓和血糖水平的控制能力。

抑制免疫系統
營養不良和缺乏運動可導致皮質醇偏高。這種激素雖會減少炎症的發生，但是時間一長又會抑制免疫系統，從而降低身體抵抗感染的能力。

皮膚
皮下脂肪過多

胰島素水平高
長期欠活動會導致胰島素水平上升，使身體儲存脂肪而不是燃燒脂肪。

肌肉不協調

不健康的選擇

糟糕的膳食選擇和久坐不動的生活習慣會導致激素的改變，進而令這種不健康的生活方式持續。長期不活動可導致「感覺良好」的激素分泌減少，造成飲食不良，並影響血糖調節激素的水平，導致體重增加和運動量減少。

擁抱可以釋放**催產素**，可以**降低血壓**，從而**降低心臟病發生**的風險。

健康的生活方式

　　經常運動是引起激素變化最有效的方法之一，這種變化可使人的身心更加健康。一些可通過調節體溫、維持水分平衡和增加對氧氣的需求來促進人們進行體力活動的激素，我們稱為「感覺良好」激素，它可極大程度地改善情緒。

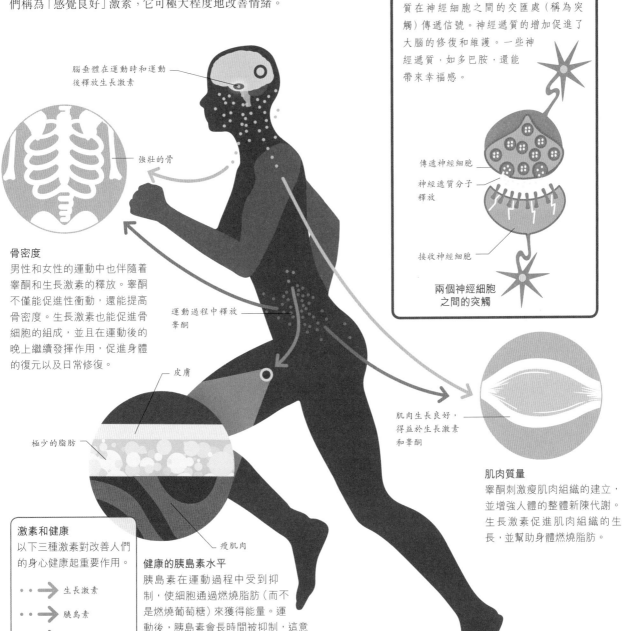

運動的興奮作用

　　運動可以增加神經遞質的釋放，後者是神經系統的化學信使。神經遞質在神經細胞之間的交匯處（稱為突觸）傳遞信號。神經遞質的增加促進了大腦的修復和維護。一些神經遞質，如多巴胺，還能帶來幸福感。

傳遞神經細胞

神經遞質分子釋放

接收神經細胞

兩個神經細胞之間的突觸

腦垂體在運動時和運動後釋放生長激素

強壯的骨

骨密度
男性和女性的運動中也伴隨着睾酮和生長激素的釋放。睾酮不僅能促進性衝動，還能提高骨密度。生長激素也能促進骨細胞的組成，並且在運動後的晚上繼續發揮作用，促進身體的復元以及日常修復。

運動過程中釋放睾酮

皮膚

極少的脂肪

激素和健康
以下三種激素對改善人們的身心健康起重要作用。

・・→　生長激素

・・→　胰島素

・・→　睾酮

瘦肌肉

健康的胰島素水平
胰島素在運動過程中受到抑制，使細胞通過燃燒脂肪（而不是燃燒葡萄糖）來獲得能量。運動後，胰島素會長時間被抑制，這意味着即使在休息的時候也會燃燒脂肪。

肌肉生長良好，得益於生長激素和睾酮

肌肉質量
睾酮刺激瘦肌肉組織的建立，並增強人體的整體新陳代謝。生長激素促進肌肉組織的生長，並幫助身體燃燒脂肪。

日常節律

　　人體內有一個「內置」的計時系統，可調控人類的日常節律，尤其是飲食和睡眠。這個系統的核心是每天促使我們醒來的激素血清素透過化學過程轉化為促使我們睡眠的激素褪黑素。這個過程大約需要 24 小時。

每日循環

　　許多激素每天都會有節律地波動。這些波動不因任何外部條件的改變而變化。即使在一個沒有窗戶的黑房裏，身體在清晨時仍然會經歷血清素的上升，並因此醒來。然而，這些節律並非一成不變的，也會不斷地調整，並且當人們去不同時區旅行時，這些節律會大幅變化。

生物時鐘

　　人體以（大約）24 小時為一個激素週期，稱為晝夜節律。支配晝夜節律的生物學過程稱為生物時鐘，它支配着身體所有的節律。生物時鐘的主要組成之一是大腦中一個很小的、被稱為視交叉上核 (SCN) 的區域。視交叉上核非常靠近視神經，可利用進入眼睛的光線來校正生物時鐘。

體內計時器
視交叉上核驅動一個雙向的化學轉換，其中喚醒我們的血清素和使我們入睡的褪黑素相互轉換。

壓力會使人生病嗎？

壓力激素使我們為「戰鬥或逃跑反應」作準備，同時，也對人體的其他系統產生影響，尤其是免疫系統。長期受壓可能會導致生病。

3 飢餓激素
飢餓激素第天不斷地經歷高低變化。在禁食期間以及清晨醒來時，增加食慾的飢餓激素的水平會增加。而作為食慾抑制劑的瘦素，則是在吃飽以後開始發出信號。

2 應激性皮質醇
新的一天開始，身體會產生類固醇激素皮質醇，有助身體通過提升血糖水平和啟動新陳代謝來應對壓力。

早上 9 點

早上 8 點

1 喚醒人體的血清素
光線刺激視交叉上核，使褪黑素轉變為血清素，後者是一種有助大腦和身體（尤其是腸道）進入活躍狀態的激素。

早上 6 點

視交叉上核會依據一天中不同的時間，來決定褪黑素或是血清素的分泌

凌晨 3 點

不同強度的光線

血清素 —— 喚醒！

—— 褪黑素

入睡！

傳至視交叉上核的電信號

10 睪酮激增
男性的睪酮水平在夜間會經歷一次上升，這與他們是否睡着無關。而這個事實可能也解釋了男性深夜在俱樂部裏打架的原因。

4 皮質醇的峰值
皮質醇水平在經歷了早晨的一次上升之後，會在中午迎來另一個高峰。隨後，皮質醇的影響會逐漸下降。褪黑素在正午 12 點處於最低水平。

皮質醇

褪黑素

正午
12 點

5 醛固酮上升
醛固酮水平在下午中期會經歷一個高峰。這有助腎臟通過再吸收水分來保持血壓穩定。

下午
3 點

時差

乘飛機把我們帶到一個新的時區，其速度常常比我們的身體能夠調整的速度快。而新的日光節律需時重置我們的生物時鐘。一些激素的週期比其他激素更為靈活，例如皮質醇需要 5 ～ 10 天來適應新環境。當我們身體的節律作出調整時，會在完全不適當的時間感到飢餓和困倦，這種現象稱為時差。輪班工作的人會定期經歷這種情況，但這對人體長期健康的影響還未可知。

6 引起困倦的褪黑素
光線變暗促使血清素轉變為褪黑素。這有助身體慢慢為睡眠作好準備，最終導致人體產生困倦感。

下午
6 點

甲狀腺

晚上
8 點

7 刺激甲狀腺
在晚上，甲狀腺刺激促甲狀腺激素水平突然升高。這有助促進身體的生長和修復，同時也抑制神經元活動（可能是為睡眠作準備）。

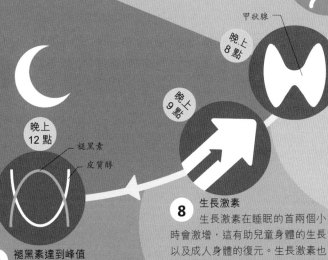

晚上
9 點

晚上
12 點

褪黑素

皮質醇

8 生長激素
生長激素在睡眠的首兩個小時會激增，這有助兒童身體的生長以及成人身體的復元。生長激素也會在白天釋放，但更多是在晚上產生的，此時身體更專注於修復。

9 褪黑素達到峰值
午夜前後血液中的褪黑素水平最高，而皮質醇的水平最低。這確保身體能夠完整地休息一夜。

午餐時間進行**輕快的散步**有助提高**血清素**的水平。

糖尿病

　　胰島素是使肌肉和脂肪細胞吸收葡萄糖這種身體的主要能量來源的關鍵。如果沒有胰島素，葡萄糖會留在血液中，而細胞也不能獲得所需要的能量，從而嚴重影響健康。如果胰島素不起作用，則會導致糖尿病。糖尿病有兩種類型（I 型和 II 型），全球患病人數達 3 億 8,200 萬人。

糖尿病的管理

　　含糖食物和某些碳水化合物會導致脂肪在人體細胞內沉積，而脂肪會干擾胰島素。脂肪含量越高，發生 II 型糖尿病的風險就越大。健康、均衡的飲食不僅能降低糖尿病的發病風險，同時在患上糖尿病之後也是疾病管理的重要因素。一般來說，糖尿病患者的飲食旨在盡可能保持正常的血糖水平，避免進食會導致葡萄糖急劇上升和下降的食物。這也有助計算作為治療一部分的胰島素的劑量。

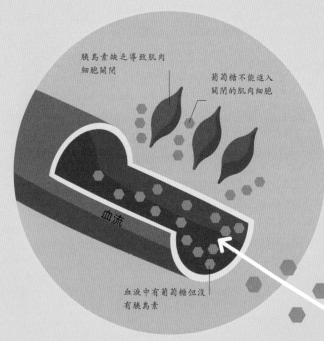

胰島素缺乏導致肌肉細胞關閉

葡萄糖不能進入關閉的肌肉細胞

血流

血液中有葡萄糖但沒有胰島素

葡萄糖分子

1 葡萄糖水平上升
在消化過程中，葡萄糖被釋放到血液裏。葡萄糖水平上升觸發身體採取一些機制來降低其水平，包括使胰腺釋放胰島素（參見第 158 ～ 159 頁）。

3 無葡萄糖進入
沒有胰島素，葡萄糖就不能進入人體細胞。相反，葡萄糖只能在血液中積聚，身體則只能通過其他途徑降低葡萄糖水平，比如排尿。

I 型糖尿病

　　在 I 型糖尿病中，身體的免疫系統攻擊胰腺中產生胰島素的細胞，使胰腺無法產生胰島素。其症狀通常在數週內出現，但只要使用胰島素治療，就可以使這些症狀逆轉。I 型糖尿病雖可在任何年齡段發病，但大多數診斷都在 40 歲以前，尤其是在兒童時期。I 型糖尿病患者佔所有糖尿病個案的 10%。

2 胰島素缺失
然而，在 I 型糖尿病中，胰腺內產生胰島素的細胞被身體自身的免疫細胞破壞。因此，在血糖水平不斷上升的過程中，並沒有釋放胰島素來平衡血糖水平。

胰腺

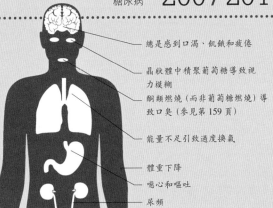

糖尿病的症狀

I 型糖尿病和 II 型糖尿病的症狀相似。腎臟無法完全排出的葡萄糖開始在體內積聚，因此身體不斷「試圖」將其排出，造成口渴、飲水增多以及排尿增加。同時，身體的細胞極度缺乏葡萄糖，從而導致全身疲勞。此外，還會出現體重下降，因為身體通過燃燒脂肪（而不是葡萄糖）來獲取能量。

總是感到口渴、飢餓和疲倦

晶狀體中積聚葡萄糖導致視力模糊

酮類燃燒（而非葡萄糖燃燒）導致口臭（參見第 159 頁）

能量不足引致過度換氣

體重下降

噁心和嘔吐

尿頻

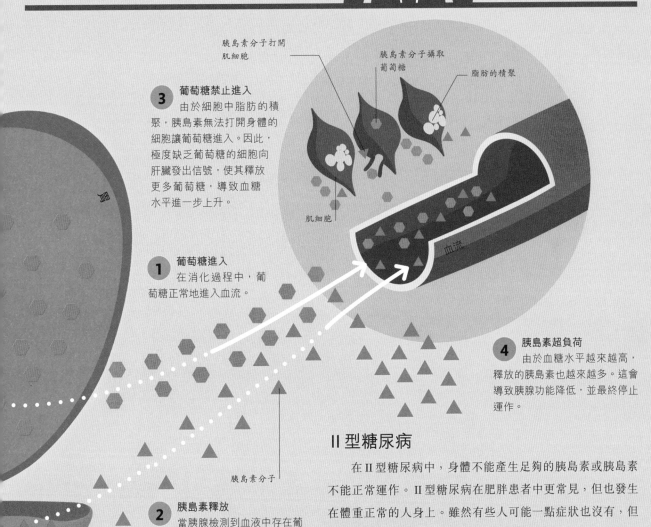

胰島素分子打開肌細胞

胰島素分子攝取葡萄糖

脂肪的積聚

肌細胞

血流

3 葡萄糖禁止進入
由於細胞中脂肪的積聚，胰島素無法打開身體的細胞讓葡萄糖進入。因此，極度缺乏葡萄糖的細胞向肝臟發出信號，使其釋放更多葡萄糖，導致血糖水平進一步上升。

1 葡萄糖進入
在消化過程中，葡萄糖正常地進入血流。

胰島素分子

2 胰島素釋放
當胰腺檢測到血液中存在葡萄糖時，就會釋放胰島素。

4 胰島素超負荷
由於血糖水平越來越高，釋放的胰島素也越來越多。這會導致胰腺功能降低，並最終停止運作。

II 型糖尿病

在 II 型糖尿病中，身體不能產生足夠的胰島素或胰島素不能正常運作。II 型糖尿病在肥胖患者中更常見，但也發生在體重正常的人身上。雖然有些人可能一點症狀也沒有，但總會逐漸顯現出症狀。事實上，全球有 1 億 7,500 萬「所謂健康的」人羣被認為患有 II 型糖尿病，只是沒被診斷出來而已。在所有糖尿病個案中，II 型糖尿病患者佔 90%。

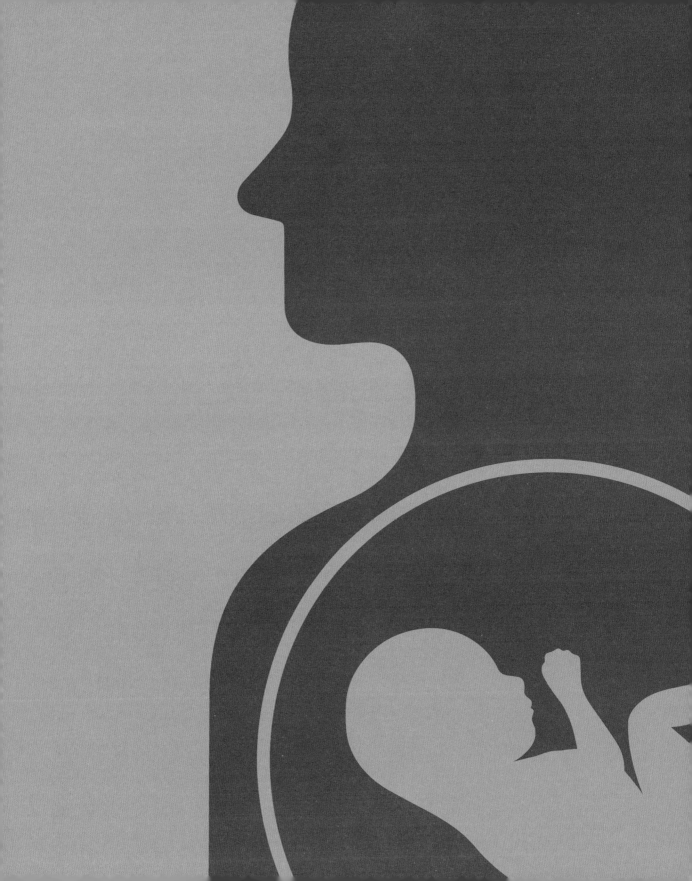

生命的

循　環

有性生殖

基因「驅動」着人類繁衍後代，得以代代相傳。從進化論上說，這是人們之所以性交的原因。數以百萬計的精子相互競爭，最終獲勝者與一個卵子相結合，並展開創造新生命的過程。

把精子和卵子結合在一起

性交的主要目的是將男性和女性的基因結合在一起。男性以數百萬計的精子將其整個基因組注入女性體內，試圖使一個卵子受精。如果受精成功，男性和女性的基因混合在一起，在其後代中產生新的獨特基因組合。為了實現這一目標，男性和女性會對彼此產生性慾，從而引起一系列身體的變化。兩性的生殖器官由於血流增加而變大，陰莖勃起，陰道分泌潤滑液以幫助陰莖進入。

一般每毫升正常的精液含有 4,000 萬到 3 億個精子（每 0.3 益司含有 10 億～ 80 億個精子）。

貯精囊向精子中注入液體

前列腺進一步向精子中注入液體，以產生精液

尿道球腺中和尿道內酸性的尿液，防止精子受到損傷

為甚麼女性有高潮？

陰蒂敏感的神經末梢向大腦發出愉悅的信號，使陰道緊緊包圍陰莖，從而確保男性可以盡量射出更多精子。

精子在尿道內通過陰莖

精子在附睾成熟

男性是如何勃起的？

陰莖含有兩個被稱為陰莖海綿體的圓筒形海綿狀組織。當陰莖底部的小動脈擴張或變寬時，血液流入陰莖，海綿體擴張，形成硬性的圓柱體。這樣可以壓迫小的引流靜脈，使其關閉，從而使得血液不至於流失，而陰莖也會變硬。射精後，壓力降低，引流靜脈重新開放，血液流出，陰莖軟化。

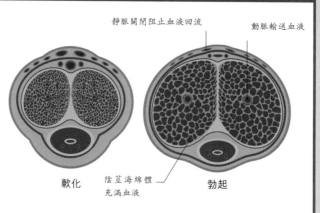

靜脈關閉阻止血液回流

動脈輸送血液

軟化

陰莖海綿體充滿血液

勃起

精子的驚險旅程

　　在性交過程中，勃起的陰莖插入陰道。當達到高潮的時候，陰莖釋放精液，精子就開始了尋找卵子的旅程。數以百萬計的精子在其尾巴鞭狀運動的幫助下，從陰道、子宮頸游進子宮。精子通過輸卵管內毛髮樣細胞的運動，順着液體繼續向前移動。只有大約 150 個精子能夠到達上輸卵管，而受精通常在此處發生。剩餘的精子則從陰道中自然流出來。

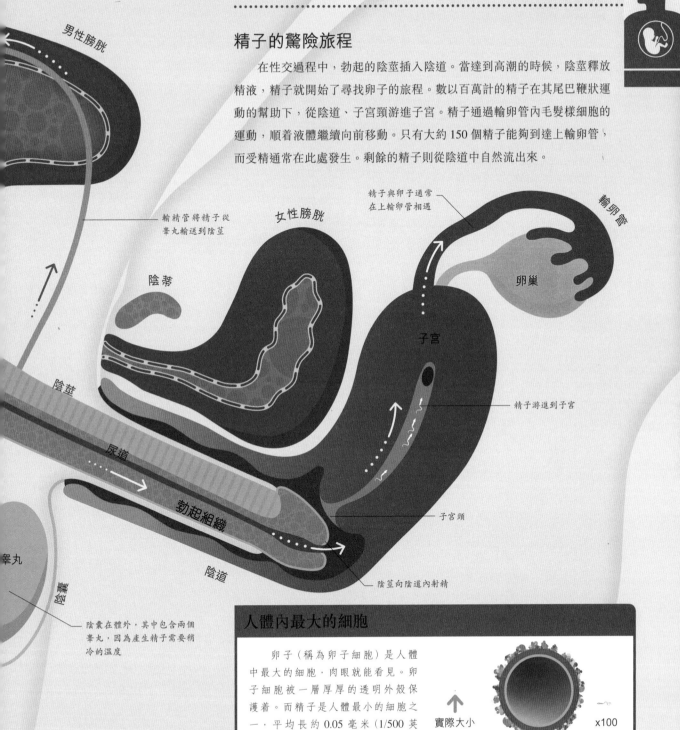

男性膀胱

輸精管將精子從睪丸輸送到陰莖

女性膀胱

精子與卵子通常在上輸卵管相遇

輸卵管

陰蒂

卵巢

子宮

陰莖

精子游進到子宮

尿道

勃起組織

子宮頸

睪丸

陰道

陰囊

陰莖向陰道內射精

陰囊在體外，其中包含兩個睪丸，因為產生精子需要稍冷的溫度

人體內最大的細胞

　　卵子（稱為卵子細胞）是人體中最大的細胞，肉眼就能看見。卵子細胞被一層厚厚的透明外殼保護着。而精子是人體最小的細胞之一，平均長約 0.05 毫米（1/500 英寸），但絕大部分都屬於尾巴。

實際大小

x100

x100

0.05 毫米（1/500 英寸）

月經週期

女性的身體每個月都會為可能的懷孕作準備。約有 50 萬個處於休眠狀態的卵細胞儲存在卵巢中，等待排卵。當激素水平到達峰值時，一個卵子從卵巢中「蹦出來」，準備受精。如果這個卵子受精了，子宮內膜相對較厚的組織就會等待卵子去着床。

月經週期

月經週期由大腦中的垂體控制。從青春期開始，腦垂體就產生促卵泡激素 (FSH)。促卵泡激素又促進卵巢中雌激素和孕酮的產生。腦垂體每月釋放一次促卵泡激素和黃體生成素的脈衝，觸發一次月經週期。一個成熟的卵子從卵巢中釋放出來，子宮內膜會變厚，然後脫落。如果卵子受精並在子宮內膜着床，這個週期就會停止了。隨着年齡增長，當卵巢中休眠卵子的數量不足以產生足夠的激素來調節月經週期時，女性就進入了更年期，同時月經週期停止。

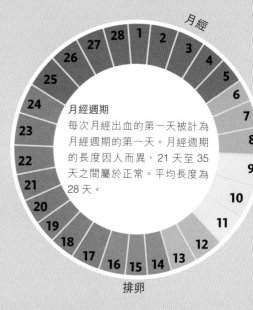

月經

月經週期
每次月經出血的第一天被計為月經週期的第一天。月經週期的長度因人而異，21 天至 35 天之間屬於正常。平均長度為 28 天。

排卵

經期痙攣

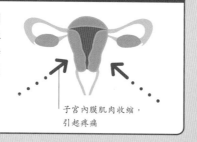

子宮內膜的肌肉在月經期間自然收縮，壓縮小動脈以限制出血量。如果肌肉的收縮過於劇烈或時間過長，就會壓迫附近的神經，引起疼痛。

子宮內膜肌肉收縮，引起疼痛

3 激素激增
雌激素是由卵巢中成熟卵子周圍的卵泡細胞產生的。當雌激素水平到達高峰期，會導致腦垂體大量釋放促卵泡激素和黃體生成素，從而觸發排卵。

1 經期出血
如果受精卵未被植入子宮內膜，孕酮的水平就會下降，進而引起子宮血液供應減少，並導致外層脫落為經血。經血可以作為未有懷孕的指標。

2 子宮內膜生長
在月經週期的前兩週，雌激素水平平穩上升，導致子宮內膜生長。

雌激素

隨着子宮內膜脫落，經血從陰道流出

促卵泡激素和黃體生成素水平輕微升高，刺激雌激素和孕酮的產生

促卵泡激素和黃體生成素

卵子通過輸卵管
進入子宮並在此
受精

3　次級卵泡發育
主導卵泡內形成充
滿液體的空間，其內的卵
子繼續發育，準備排卵。

輸卵管

子宮

4　卵泡成熟
卵泡可生長至直徑
2～3 厘米（0.8～1.2 英
寸），甚至可能從卵巢表面
隆起。

受精卵插入
子宮內膜

充滿液體的空間

卵巢

卵巢釋放卵子

卵泡破裂

2　主導卵泡增大
一個主導卵泡迅速
生長，其他非主導卵泡則
停止生長。

5　排卵
腦垂體中促卵泡激
素和黃體生成素激素的激
增導致排卵。卵泡破裂，
通過卵巢壁釋放卵子並進
入輸卵管。

卵泡中
的卵子

1　初級卵泡形成
促卵泡激素刺激
卵巢中幾個休眠狀態卵
泡的生長，並促使這些
卵泡釋放雌激素。

被稱作輸卵管傘的手
指狀組織邊緣幫助引
導卵子進入輸卵管

6　退化
空卵泡塌陷並形成
一個被稱為黃體的包囊。
黃體產生更多的孕酮，使
子宮內膜變厚和豐滿。

7　疤痕形成
如果沒有懷孕，黃
體則停止產生孕酮，黃體
被疤痕組織取代，一個新
的週期開始。

子宮內膜

4　激素進一步激增
排卵後，卵巢中的
黃體溶解，產生孕酮，孕
酮可促進子宮內膜中動脈
的生長。這使得子宮內膜
變得更柔軟、更富彈性，
準備好接收受精卵子。

孕酮

子宮內膜

激素的模式
這裏顯示的是調節月經週期的關鍵
激素。

促卵泡激素（FSH）和
促黃體生成素（LH）

雌激素

孕酮

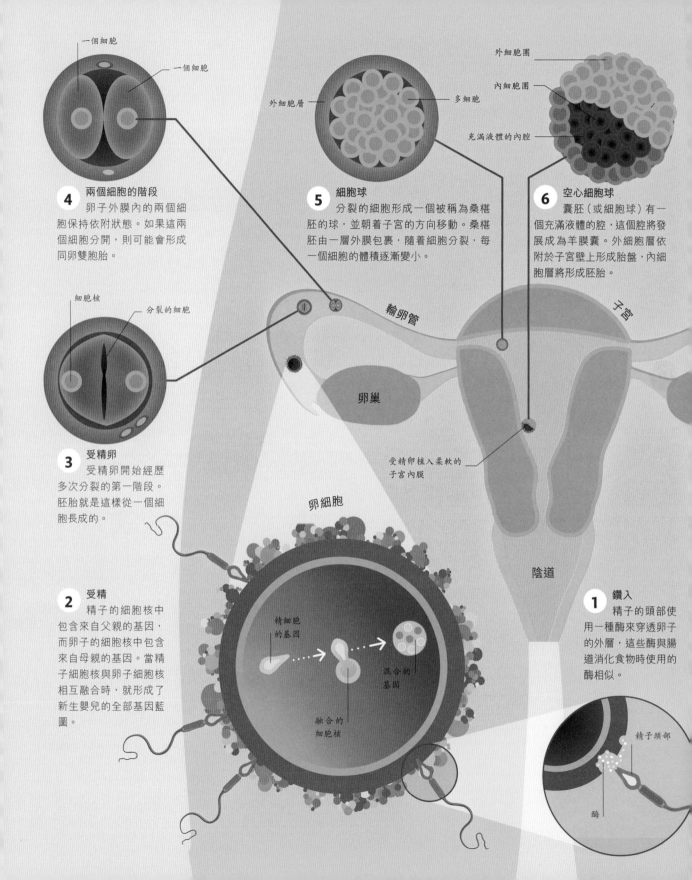

一個細胞

一個細胞

外細胞層

外細胞圍

內細胞圍

多細胞

充滿液體的內腔

4 兩個細胞的階段
卵子外膜內的兩個細胞保持依附狀態。如果這兩個細胞分開，則可能會形成同卵雙胞胎。

5 細胞球
分裂的細胞形成一個被稱為桑椹胚的球，並朝着子宮的方向移動。桑椹胚由一層外膜包裹，隨着細胞分裂，每一個細胞的體積逐漸變小。

6 空心細胞球
囊胚（或細胞球）有一個充滿液體的腔，這個腔將發展成為羊膜囊。外細胞層依附於子宮壁上形成胎盤，內細胞層將形成胚胎。

細胞核

分裂的細胞

輸卵管

子宮

卵巢

3 受精卵
受精卵開始經歷多次分裂的第一階段。胚胎就是這樣從一個細胞長成的。

卵細胞

受精卵植入柔軟的子宮內膜

陰道

2 受精
精子的細胞核中包含來自父親的基因，而卵子的細胞核中包含來自母親的基因。當精子細胞核與卵子細胞核相互融合時，就形成了新生嬰兒的全部基因藍圖。

精細胞的基因

混合的基因

融合的細胞核

1 鑽入
精子的頭部使用一種酶來穿透卵子的外層，這些酶與腸道消化食物時使用的酶相似。

精子頭部

酶

微小的開始

性交後大約 48 小時，會有約 3 億個精子沿着其中一條輸卵管「奔向」卵子，搶着令卵子受精。在化學物質的作用下，精子被卵子吸引，完成長達 15 厘米（6 英寸）的「長征」，精子與卵子的結合觸發了後續一連串的變化。

一個卵子的旅程
每個月都會有幾個卵子在卵巢內成熟，但是排卵時通常只有一個卵子被排出來。隨後，被排出的卵子進入其中一側輸卵管。

受精

如果一個女人排卵並進行了性交，就有受精的可能——精子和卵子結合，並為懷孕做準備。當精子穿透卵子外層的那一刻，卵子經歷快速的化學變化，其外層會變硬，以防止其他精子進入。與精子結合的卵子被稱為受精卵。受精卵進入子宮，開始分裂。受精只是懷孕的開始，等到胎兒出生，還有一段很長的路要走。

懷孕是從甚麼時候開始的？

直到受精卵成功地在子宮柔軟的內壁上着床，妊娠才算開始。此時，一個潛在的新的生命開始孕育。

不孕不育症的解決方案

男女雙方都普遍存在不孕不育症，每六對夫妻就有一對患不孕不育症。女性不孕症的可能原因包括：無法排卵、輸卵管被堵塞或是卵子太老。而男性不育症的可能原包括：精子數量太少，或是精子動力不足。有多種治療方法，其中一種體外受精，方法是：首先分別將卵子和精子收集起來，將它們放在一個「試管」裏進行受精；隨後，受精卵繼續在體外發育，再被植入子宮並在其內繼續發育。另一種更先進的辦法是卵胞漿內單精子注射，即直接將精子細胞核注入卵子中。

精子　卵子

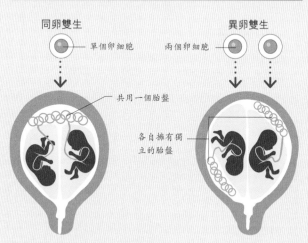

同卵雙生　　　異卵雙生

單個卵細胞　　兩個卵細胞

共用一個胎盤

各自擁有獨立的胎盤

雙胞胎是怎麼形成的

如果排卵時同時有兩個卵子排出，且均受精，就形成了異卵雙生的雙胞胎。它們的性別可以相同，也可以不同，而且每個受精卵都有自己獨立的胎盤。而如果一個受精卵在其分裂的早期分開，那麼每個胚胎都繼續單獨分裂，就形成了同卵雙生的雙胞胎。這樣的受精卵各自有獨立的胎盤。但是如果這個受精卵分開的時間較晚，則會共用一個胎盤。

有關世代的遊戲規則

雖然每個人都是獨特的個體，但是總會攜帶與家人相似的某些特徵。這些特徵是由母親的卵子和父親的精子所攜帶的基因代代相傳的。

遺傳特徵

基因決定著身體如何發育（參見第23頁）。染色體中攜帶著多個基因（參見第16頁）。父親的每個精子細胞及母親的每個卵子細胞所含的基因都是從他們各自的基因中隨機選擇的。當這兩種細胞在受精中融合時，其攜帶的基因也混合在一起，形成一個新的獨特的基因藍圖。如果一個人有兄弟姐妹，他從父母那裏遺傳的基因可能與兄弟姐妹遺傳的基因相似，於是他們會具有相似的面部特徵或身體形態，以及相似的個性特徵或舉止。然而，兄弟姐妹之間也可以從父母那裏遺傳少量相似的基因，甚至第一眼看起來，他們之間似乎一點關係也沒有。

選擇性的特徵

每對精子細胞和卵子細胞的基因組合都不相同。在這個例子中，當父親的精子與母親的卵子結合形成受精卵時，父親的精子中含有美人尖基因，母親的卵子中含有鷹鈎鼻基因。但是，父親的精子中含有的雀斑基因沒有遺傳給第一個孩子，而遺傳給了第二個孩子。

可能的特徵組合

父親和母親可以將他們的任何基因傳給孩子，共同形成孩子的外形和性格。這裏展示了一個可能遺傳三種不同外形特徵的例子：來自父親的美人尖和雀斑，以反及來自母親的鷹鈎鼻。

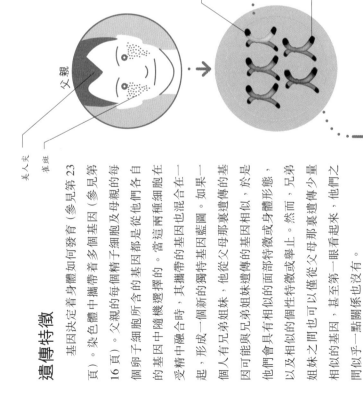

美人尖

雀斑

母親

父親

卵子

精子

子女

儲存基因的細胞核

母親的其他基因遺傳給第二個孩子

父親的雀斑基因沒有一個孩子

每個細胞核中的染色體都攜帶著基因

母親的鷹鈎鼻基因傳給第一個孩子

父親的美人夾基因既遺傳給第一個孩，也遺傳給第二個孩子

父親的美人夾基因

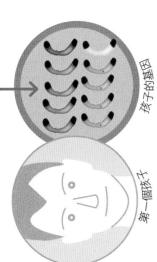

來自雙親的特徵

第一個孩子遺傳了父親的美人尖基因和母親的鷹鈎鼻基因。因此，這個孩子與其雙親均有共同的特徵，而這個孩子的臉巧沒有遺傳到父親的雀斑基因。

第一個孩子　孩子的基因

共有的特徵

第二個孩子既遺傳了父親、又遺傳了父親的雀斑基因。這對至兄（姐）弟（妹）至少共有一個身體的特徵，即美人尖。

第二個孩子　孩子的基因

顯性特徵與隱性特徵

特徵遺傳的方式可以是顯性的，也可以是隱性的。基因的顯性形式和隱性形式被稱為等位基因，存在於染色體的同一位置。當存在顯性基因時，其特徵通常會表現出來，而隱性基因只有在顯性基因不存在的情況下才會表現出來。如果一個人有分離耳垂，說明他至少有一個顯性的等位基因。只有當兩個等位基因均為隱性的時候，才會顯示出這個隱性基因的特徵，即更為罕見的連生耳垂。

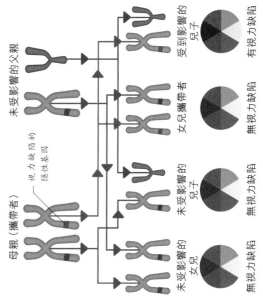

父親

連生耳垂的隱性基因

母親

分離耳垂的顯性基因

雙顯性基因　顯性-隱性基因　顯性-隱性基因　雙隱性基因

連生耳垂　分離耳垂　連生耳垂

伴性遺傳

如果一個母親的 X 染色體攜帶着導致視力缺陷的隱性基因，她可以通過另一條 X 染色體上的顯性基因複得正常的視力。一個遺傳了該隱性基因的女兒（就像她媽媽那樣）則成為該隱性基因的攜帶者，但其視力不會受到影響。然而，由於男性只有一條 X 染色體，任何攜帶此缺陷基因的兒子都會存在視力缺陷。

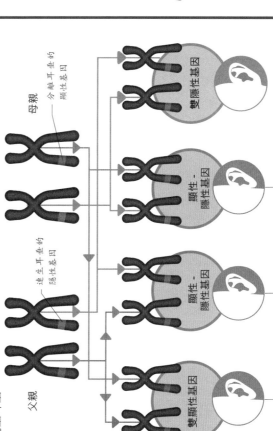

母親（攜帶者）

視力缺陷的隱性基因

未受影響的父親

受到影響的兒子　有視力缺陷

女兒攜帶者　無視力缺陷

未受影響的兒子　無視力缺陷

未受影響的女兒　無視力缺陷

胎兒的發育

新生命的成長是一個神奇的過程。當中，受精卵分裂並在短短九個月就形成一個發育完全的嬰兒。母親和胎兒之間由胎盤連接。胎盤是一個特殊的器官，可為胎兒提供發育所需的一切。

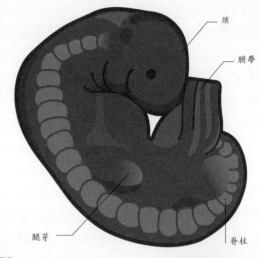

四週的胚胎
脊柱、眼睛、四肢和器官都已經開始形成。胚胎長度約為 5 毫米（3/16 英寸），重約 1 克（1/32 盎司）。

頭

臍帶

腿芽

脊柱

從細胞到器官

在懷孕的前八週，嬰兒被稱為胚胎。胚胎發育的過程中，某些基因被開啟，某些基因被關閉，以「指導」細胞如何發育。外胚層細胞形成腦、神經和皮膚細胞；內胚層細胞形成主要的器官，如腸道等；而連接內外兩個胚層的細胞則發育成肌肉、骨骼、血管和生殖器官。一旦這些主要的結構形成，嬰兒就被稱為胎兒，直到出生。

第一次心跳
心臟的生長幾乎在懷孕六週內就完成了，其四個腔室快速跳動，每分鐘約 144 次。在超聲波掃描過程中可以檢測到這種搏動。

釋放尿液
每 30 分鐘，胎兒的腎臟向羊水中釋放一次尿液。尿液在羊水中被稀釋，再被胎兒吞咽進體內，但不會對胎兒造成傷害。最終，胎兒的尿液會通過胎盤傳給母親，再與母親的尿液混合，一起排出體外。

細小的四肢
胎兒的上肢芽發育成手臂，下肢芽則發育成雙腿。手指和腳趾最開始是融合在一起的，後來才分開。

肺的形成
此時左右兩肺開始形成。但直到胎兒快要出生時，肺才準備好進行呼吸。

胎兒的發育
不同的胎兒發育速度各異，因此，成長中出現關鍵事件的時間點也略有差異。

懷孕的時間線

1
月

2
月

3
月

4
月

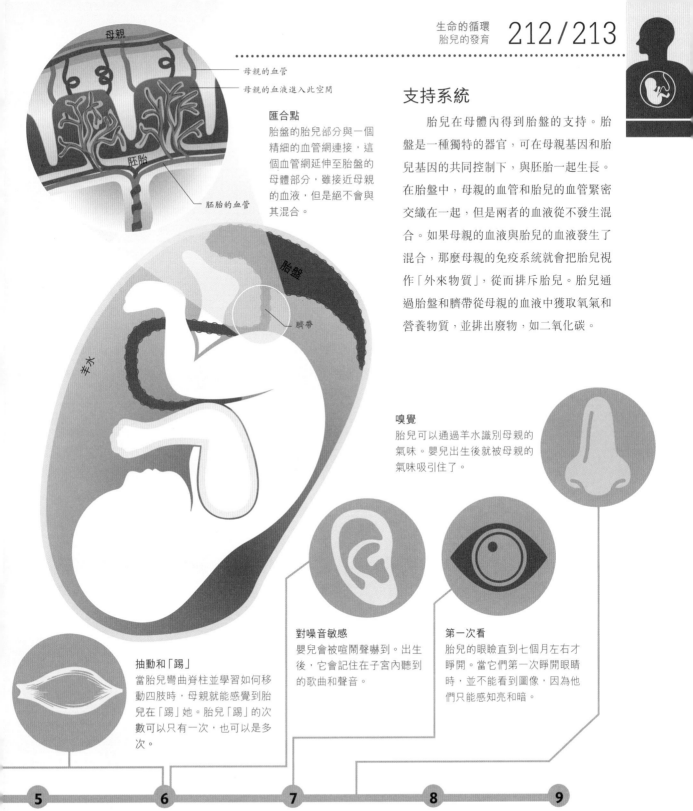

母親

母親的血管

母親的血液進入此空間

胚胎

胚胎的血管

匯合點
胎盤的胎兒部分與一個精細的血管網連接，這個血管網延伸至胎盤的母體部分，雖接近母親的血液，但是絕不會與其混合。

胎盤

臍帶

羊水

支持系統

　　胎兒在母體內得到胎盤的支持。胎盤是一種獨特的器官，可在母親基因和胎兒基因的共同控制下，與胚胎一起生長。在胎盤中，母親的血管和胎兒的血管緊密交織在一起，但是兩者的血液從不發生混合。如果母親的血液與胎兒的血液發生了混合，那麼母親的免疫系統就會把胎兒視作「外來物質」，從而排斥胎兒。胎兒通過胎盤和臍帶從母親的血液中獲取氧氣和營養物質，並排出廢物，如二氧化碳。

嗅覺
胎兒可以通過羊水識別母親的氣味。嬰兒出生後就被母親的氣味吸引住了。

對噪音敏感
嬰兒會被喧鬧聲嚇到。出生後，它會記住在子宮內聽到的歌曲和聲音。

第一次看
胎兒的眼瞼直到七個月左右才睜開。當它們第一次睜開眼睛時，並不能看到圖像，因為他們只能感知亮和暗。

抽動和「踢」
當胎兒彎曲脊柱並學習如何移動四肢時，母親就能感覺到胎兒在「踢」她。胎兒「踢」的次數可以只有一次，也可以是多次。

5
月

6
月

7
月

8
月

9
月

大腦

脊椎

肺

膈肌

逐漸「掏空」的大腦
大腦可以回收脂肪酸，提供給胎兒的大腦所需，這可能是眾多女性在懷孕末期會產生「糊塗」的原因之一。可以通過想母親的膳食中添加額外的脂肪酸解決這個問題。

乳房增大
乳房和乳頭會隨著激素水平上升而增大。而另一種激素孕酮可以使乳房中產生乳汁的腺體成熟，在懷孕結束時乳房可能開始泄漏初乳（或「預奶」）。

呼吸和心率加快
血容量在懷孕期間增加了大約三分之一。因此，心臟泵血更加困難，母親的脈搏會變廣，靜脈壓自張或變寬，以使血壓自然下降。呼吸也更快，以吸入胎兒需要的額外的氧氣量。

母親的新身體

嬰兒在母親體內生長對母親來說是一項了不起的壯舉，但也是一項艱巨的任務。母親的身體在懷孕期間經歷了難以估量的變化和妥協。

懷孕的轉變

懷孕是女性身體和情緒發生巨大變化的時期，這些變化讓母親準備好回應懷孕的額外需求。在這期間，母親的身體不僅要供給自身的需要，還要為生長中的胎兒提供所需要的所有氧氣、蛋白質、能量、液體、維他命和礦物質。母親的身體在處理自身廢物的同時，也會吸收胎兒產生的廢物。母親的器官同時支持自己的身體和胎兒的身體，所以懷孕期間的女性容易感到疲憊。不過，懷孕的神奇之處也表明人類的身體具有很好的適應性。

甚麼導致孕婦渴求奇怪的食物？

對食物的渴求無疑是營養缺乏的一個症狀。如果母親懷孕出現的最奇怪的現象之一，有可能是營養缺乏某種營養素，就會導致母親想要吃奇怪的食物組合，例如雪糕伴著黃瓜來吃。母親也可能想吃一些非營養性「食物」，如泥土或煤炭，這種情況相對罕見，但偶爾也會發生。

肝臟

胃

峰激素

孕酮

脊柱的壓力
隨着子宮變大，孕婦的重心也向前移。她們很自然地開始向後仰，如此就改變了她們的姿勢，並對低位脊柱的肌肉、韌帶和小關節增加額外的壓力，導致她們腰痠背痛。

壓扁的膀胱
子宮的快速生長會壓扁膀胱，能容納的尿液就比較少。因此孕婦的尿液會頻繁地上廁所。在懷孕後期，子宮的重量會使得支撐膀胱的肌肉拉伸，當孕婦咳嗽、大笑或打噴嚏時會導致尿液「泄漏」的情況。

壓扁的胃
隨着胎兒的生長，子宮也會隨之長大，這樣就把母親的胃向上往腹肌的方向推。因此，很多孕婦會因為胃酸倒流而有燒心的感覺，並且還可能會出現大量打嗝！

激素「生產者」
當胎盤形成時，就產生一種激素稱為人絨毛膜促性腺激素（hCG），可通過驗孕試驗檢測到這種激素。隨後胎盤產生雌激素和孕酮的速度不斷加快，導致身體發生變化，比如乳房增大。

腹部生長
隨着子宮不斷長大，測量恥骨與子宮（底）之間的距離可以估計在妊娠處於哪個階段。子宮底高度為22厘米（9英寸）提示妊娠時間在22週左右。

甚麼是晨吐？
懷孕早期，內耳目的激素水平變化，會干擾孕婦的平衡，引起噁心和頭暈，這種現象有點像喝醉酒一樣。晨吐可以在一天中的任何時刻發生。

在妊娠的最後階段，子宮可以增大到其真正常大小的 500 倍。

妊娠紋
體重迅速增長和皮膚拉伸會導致出現妊娠紋。皮膚深處的彈性纖維和膠原蛋白在正常情況下可保持皮膚的堅實和光滑，但是在懷孕過程中皮膚卻變得越來越薄。大多數女性懷孕後都會出現妊娠紋，但也有一小部分幸運的女性，懷孕後沒有出現妊娠紋。

神奇的分娩

誕下一個新生命是一次令人敬畏和激動的經歷。經過了九個月懷孕，母親和孩子已經準備好了分娩，通常一次分娩需要花費 30 分鐘到幾天不等。

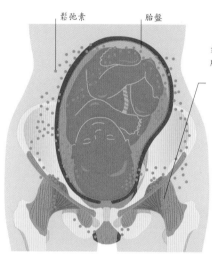

啟動分娩

懷孕後期，胎盤會產生一種被稱為鬆弛素的激素，使骨盆韌帶鬆弛，骨盆變寬，子宮頸和陰道軟化並打開，準備分娩。目前，尚不清楚分娩的確切誘因。

羊水流出

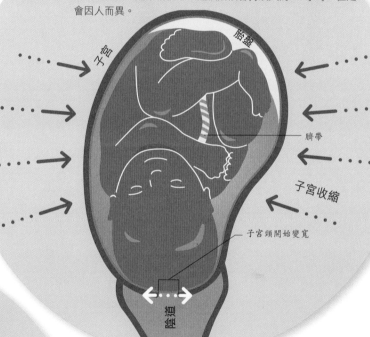

收縮與擴張

2　子宮頸變寬

子宮的肌肉收縮，將胎兒的頭推向子宮頸，子宮頸逐漸變寬至約 10 厘米（4 英寸）。子宮收縮是有規律的，令產婦感到痛苦。通常情況下，這個階段會持續大約 10 小時，但是會因人而異。

1　羊水

當嬰兒的頭壓在子宮頸上時，羊膜囊破裂。此時通常會有不到 300 毫升（10 盎司）液體流出。但是與電影裏演出的不同，羊水並不是一下子飛濺出來的，而是慢慢地流出來的！

分娩的差異

分娩一共有四個階段，每個階段可能需要不同的時間。每個女性每一次分娩的經歷都不相同，即使她們一生中曾有過多次分娩。分娩的幾個階段可以快速連續地發生，也可以在幾天內間斷發生。在第二次懷孕時，到達子宮收縮階段所需的時間可能比第一次懷孕更短。

露頂

3 是時候加壓
在一次停頓之後,子宮收縮變得更有力,這正是母親感到有必要加壓的時候。胎兒被迫進陰道(產道)。露頂是指第一次可以看見胎兒的頭部。

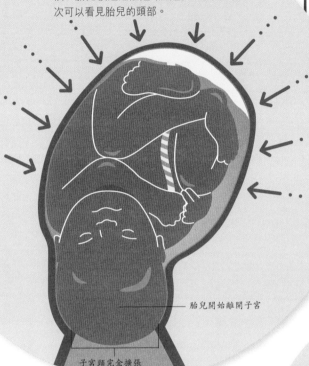

胎兒開始離開子宮

子宮頸完全擴張

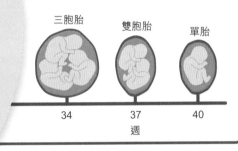

足月

懷孕的時間長短會有不同。事實上,20 個嬰兒中,只有 1 個是在從懷孕開始所計算的「到期日」出生的。醫生認為 40 週是一次懷孕的足月,前後誤差不超過 2 週。而對雙胞胎來說,醫生認為 37 週為足月;對三胞胎來說,醫生認為 34 週為足月。由於雙胞胎和三胞胎是在它們發育的更早期階段出生的,因此需要更多的醫護照顧。

三胞胎 雙胞胎 單胎

34 37 40
週

出生後會發生甚麼?

出生後,嬰兒開始第一次呼吸。透過這次呼吸,嬰兒的循環系統和呼吸系統開始獨立於母親第一次發揮作用。當肺開始呼吸時,血流立即開始改道,以從肺獲得氧氣。流回心臟的血液在壓力作用下關閉心臟上的一個孔,建立起一個正常的血液循環。

可以從**母親的胎盤**收集血液,作為嬰兒**將來的幹細胞來源**儲存起來。

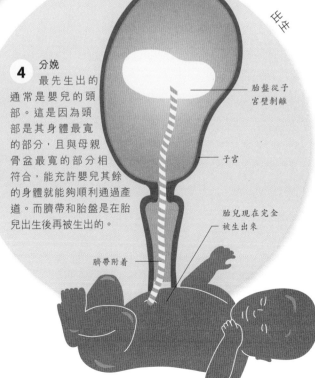

誕生

4 分娩
最先生出的通常是嬰兒的頭部。這是因為頭部是其身體最寬的部分,且與母親骨盆最寬的部分相符合,能充許嬰兒其餘的身體就能夠順利通過產道。而臍帶和胎盤是在胎兒出生後再被生出的。

胎盤從子宮壁剝離

子宮

胎兒現在完全被生出來

臍帶附著

為生命作準備

　　人類出生時就具備了可以促進其順利成長和發育的特徵。新生嬰兒的顱骨之間具有彈性的纖維間隙，允許顱骨隨着大腦的成長而跟着變大。新生嬰兒在出生第一年內迅速生長，體重可增加至出生時體重的三倍。

嬰兒的反射

　　嬰兒出生時已有 70 種以上的生存反射。把手指放在嬰兒的臉頰旁邊會使他們轉過頭，並張開嘴巴。這是覓食反射，可以幫助他們在飢餓時找到媽媽的乳頭。當嬰兒開始定期進食時，這個反射就會逐漸消失。當嬰兒跌倒時，抓握反射有助他們保持平衡。當嬰兒處於俯臥位時，會啟動爬行反射。這兩種反射會持續更長時間才會消失。

覓食反射　抓握反射　爬行反射

0 1 2 3 4 5 6 7 8 9 月

1個月

1 開始微笑
　　在嬰兒出生後的第一個月，就可以聽見、看見，並且開始認識人、物以及地點。大約在 4～6 週時，會第一次微笑。

3個月

2 嘗試翻滾
　　3 個月時，嬰兒就可以平衡頭部，做踢和扭動的動作，並且開始嘗試從背部翻滾到身體前面。

6個月

3 咿呀學語
　　此時嬰兒開始咿呀學語。嬰兒可以模仿聲音並且回應簡單的命令，例如「是」或「否」。

9個月

4 坐起來
　　大約 9 個月時，嬰兒可以坐起來，開始蹣跚學步或爬行。隨着運動功能完善，會不斷地移動。

發育的里程碑

　　在生命的第一年，嬰兒會發展出各種幫助其探索周圍世界的技能。而嬰兒生長發育的每一個里程碑，比如第一次微笑和第一次行走，都可以讓照顧者觀察到嬰兒的進步。

10個月

5 雙腿行走
　　嬰兒可能會在 10～18 個月之間開始直立行走。當握住某個物體的時候，就可能開始踏出人生的第一步。

12個月

6 認識自己
　　12 個月時，嬰兒就可以知道自己的名字；18 個月時，開始對自己的形象產生認知。

新生嬰兒腦部大小約是成年人腦的四分之一。

專注感

新生嬰兒可以將注意力集中於大小在 25 厘米（10 英寸）內的物體，並能分辨出形狀和圖案之間的差異。嬰兒在子宮內就對母親的聲音很熟悉，他們也容易被與母親心跳相似、溫柔且有節奏的聲音撫慰。嬰兒同時還能辨別出母親的氣味。

母乳餵養改善口腔健康

3 天
最初，嬰兒只能看見黑白兩種顏色。嬰兒尤其對面孔感興趣。

1 個月
1 個月左右時，正常的色覺和雙眼視力開始發育。

6 個月
6 個月時，嬰兒的視力已非常好，並且可以分辨出不同的面孔。

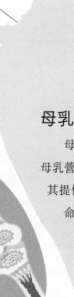

母乳餵養的嬰兒呼吸系統疾病較少

母乳餵養的嬰兒心率更低

母乳餵養 6 個月，嬰兒食物過敏的發生率更低

母乳餵養的嬰兒更少發生幼年性關節炎

母乳餵養的重要性

母乳是新生嬰兒成長中最重要的食物來源。母乳營養豐富，可在嬰兒出生後的 4 ～ 6 個月為其提供需要的所有能量、蛋白質、脂肪、維他命、礦物質和液體。母乳還可為嬰兒提供有益的細菌、輸送預防疾病的抗體和白細胞，以及對大腦和眼睛發育至關重要的脂肪酸。母乳餵養有多方面好處，可影響嬰兒的全身骨骼和組織，以及大部分器官。

理解他人

大多數孩子在 1 歲到 5 歲之間已知道別人有自己的思想和觀點。這就是所謂的「心智理論」。一旦孩子意識到每個人都有自己的想法和感受，他們就可以學習輪流做事、分享玩具、理解情感，並且享受越來越複雜的角色扮演遊戲，扮演着自己在日常生活中觀察到別人的角色。

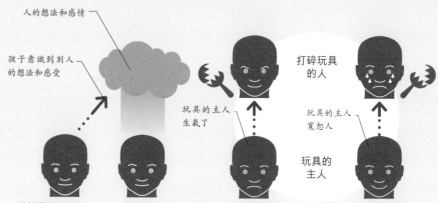

人的想法和感情

孩子意識到別人的想法和感受

玩具的主人生氣了

打碎玩具的人

玩具的主人寬恕人

玩具的主人

理解他人
一個擁有「心智理論」的孩子可以預測他人在某種情境下的感受、理解他人行為背後的意圖，並且判斷該作出怎樣的反應。

怨恨
得知朋友故意打碎玩具，會引起孩子生氣，因為他理解這種有「惡意」的企圖。

寬恕
當了解到朋友打碎玩具是出於意外，孩子明白對方對此感到歉疚，而彼此的友誼仍然存在。

穩定的生長

兒童期是身體和情感迅速成長的時期。成年人的社交技巧是有益的，故孩子有必要在時間和同齡人一起玩耍，以了解自己、了解彼此、建立界限以及社會紐帶。在身體穩定成長的同時，伴隨着語言功能發展、情感覺知和行為準則的建立。這個時期兒童大腦中會形成新的神經細胞連接，為心智發育奠定基礎。

兒童時期的發育
隨着兒童的成長，身體的比例逐漸變化，更加接近成人。5 歲到 8 歲期間成長會減慢。

心智理論　3 歲

第一個朋友　4 歲

理解規則　5 歲

成長

孩子充滿了好奇和活力。在兒童期到青春期的關鍵時期，人類能很好地掌握語言，理解別人也有自己的思想，理解他人的情緒，並且開始積極地探索周圍環境。

2 歲到 10 歲的**孩子每小時**大約可以**提出 24 個**問題。

建立友誼

　　許多 4 歲及以上的孩子現在會同與自己有相似興趣和活動的人建立起選擇性的友誼。這個時候孩子也會形成對未來的感覺，並且能理解與一個可以分享秘密的人建立友誼的價值所在。

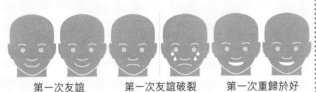

第一次友誼　　　第一次友誼破裂　　　第一次重歸於好

第一次解決衝突
擁有心智理論的孩子較容易維持友誼。當兩個人發生矛盾時，孩子可以通過反思朋友生氣的原因，從而解決這個矛盾。

理解規則

　　建基於規則的遊戲可以幫助 5 歲及以上的孩子在遵守規則與要贏的慾望之間建立平衡，以阻止作弊和其他不良行為。這有助於他們區分對與錯，以及在未來了解社會的運作。

遵守規則的行為可以獲得獎賞

破壞規則

遵守規則

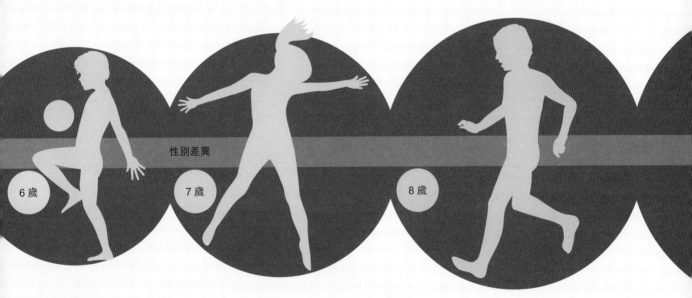

性別差異

6 歲　　　7 歲　　　8 歲

友誼羣體

　　到 7 歲時，男孩和女孩會發展出不同類型的友誼羣體，並且每個友誼羣體都有各自的層級架構。男孩傾向於組成一個大圈子，其中包括一個領導者、由親密朋友組成的核心圈以及外圍的追隨者。而女孩通常只有一至兩個親密朋友，這些朋友之間地位平等。當中最受歡迎的女孩會受各人爭奪成為「最好的」朋友。

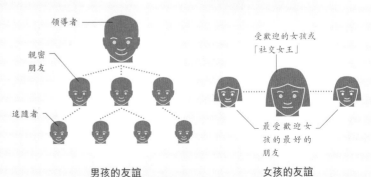

領導者

親密朋友

追隨者

受歡迎的女孩或「社交女王」

最受歡迎女孩的最好的朋友

男孩的友誼　　　　　女孩的友誼

青春期少年

青春期介乎兒童期和成年期之間。期間，性器官發育成熟，為將來的生殖作好準備。激素水平波動會引起青少年情緒和身體的變化，從而使他們感到愚拙、多愁善感，和侷促不安。

青春期開始

當體重和瘦素（脂肪細胞產生的激素）達到一定水平時，下丘腦會釋放出大量促性腺激素，導致男孩和女孩身體的變化。

脂肪細胞

下丘腦

青少年的大腦

這個時期大腦正在經歷變化，即除去舊的神經連接，形成新的神經連接。此時大腦無法「自如」地控制迅速生長的四肢、肌肉和神經。這也是青少年可能感到身體不像平時那樣協調的原因。

腦垂體

女性的變化

女孩通常比男孩早一年進入青春期（8～11歲）。女孩通常在15～19歲結束青春期。

乳房長大

乳房蕾開始發育。乳房變軟。頭蕾變得更加明顯。

毛髮

男性的變化

男孩通常在9～12歲進入青春期。男孩青春期發育的速度可以有很大的差異，通常在17～18歲結束青春期。

變聲

激素使喉嚨變大、聲帶變長和變粗，令聲音低沉。

聲音變得低沉

胸部變寬

男孩的胸腔變大，並且在胸前可能長出一些毛髮，但不是所有男孩胸前都有毛髮。

毛髮

子宮和卵巢

陰毛

卵巢產生雌激素，加速青春期變化

月經開始
第一次月經大約在 10～16 歲（平均為 12 歲）發生。此時排卵尚沒有規律，子宮則發育成拳頭般大小。

陰道分泌物
青春期陰道變長，開始分泌清亮或奶白色分泌物，這也是青春期的第一組徵兆之一。青少年的體味也會更強烈。

為甚麼青少年會長暗瘡？
皮膚在青春期激素的作用下開始分泌皮脂腺（或油脂腺）。但它們剛剛開始活躍，需要一段時間才能形成穩定的油脂分泌率，因此很多青春期的少年都會長暗瘡。

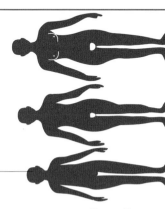

早熟者和發育遲緩者
不同的人進入青春期的年齡不同。在一拿同齡人中，有些人可能比其他人更高、看起來更成熟。因此，三個 12 歲的女孩在身高和體重上可能有很大的差異。女孩通常比男孩發育得早，由於對女孩來說，大約 47 公斤（105 磅）是其進入青春期的「觸發點」，而對男孩來說，大約 55 公斤（120 磅）才是其進入青春期的「觸發點」。

不如同齡人發育得快

12 歲的女孩

在青春期，身高激增，每年最多可長高 9 厘米（3.5 英寸）！

睪丸產生雄激，加速青春期變化

陰毛

睪丸產生精子

第一次射精
男孩的陰莖和睪丸生長，開始產生精子，可發生第一次射精，且通常在睡夢中發生，稱為「夢遺」。

變老

變老是一個緩慢且不可避免的過程。人變老的速度取決於基因、飲食、生活方式和環境之間的相互作用。

人為甚麼會變老？

人為甚麼會變老至今仍是一個謎。我們知道身體的細胞通過分裂來進行自我更新，但是它們的分裂次數也是有限的。分裂次數與染色體末端稱為端粒的重複序列相關，每一個細胞的細胞核裏，都有這樣的 X 形狀 DNA 組。如果從父母那裏遺傳的端粒很長，那麼細胞就可以經歷更多次數的分裂，因此也可以更加長壽。

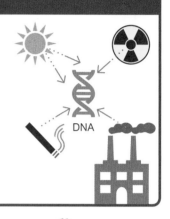

自由基

自由基可導致基因損傷，從而引起早衰。日曬、吸煙、輻射、污染都會損害人體的 DNA，產生自由基這種分子碎片。而水果和蔬菜中所含的膳食抗氧化劑則有助中和自由基，增加長壽的機會。

DNA

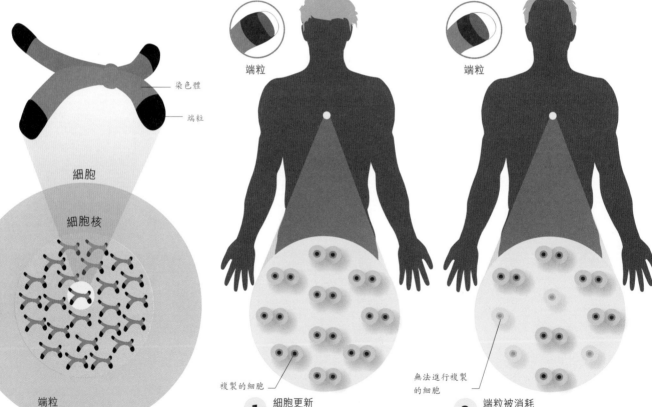

染色體

端粒

細胞

細胞核

端粒

端粒

端粒
每條染色體的末端都有端粒，端粒是一段重複的 DNA 片段。在細胞分裂的過程中，有酶依附在端粒上。這些酶加速了細胞分裂過程中相關的化學反應。

複製的細胞

1 細胞更新
這些酶鎖定在端粒上，準備複製每個細胞。當酶與端粒分離時，會帶走一段端粒，因此隨著每一次細胞分裂，染色體的長度都會變短。

無法進行複製的細胞

2 端粒被消耗
最終，端粒變得很短，以至於酶無法依附並鎖定在其上，從而導致細胞無法繼續複製或更新。細胞會以不同的速率消耗端粒。

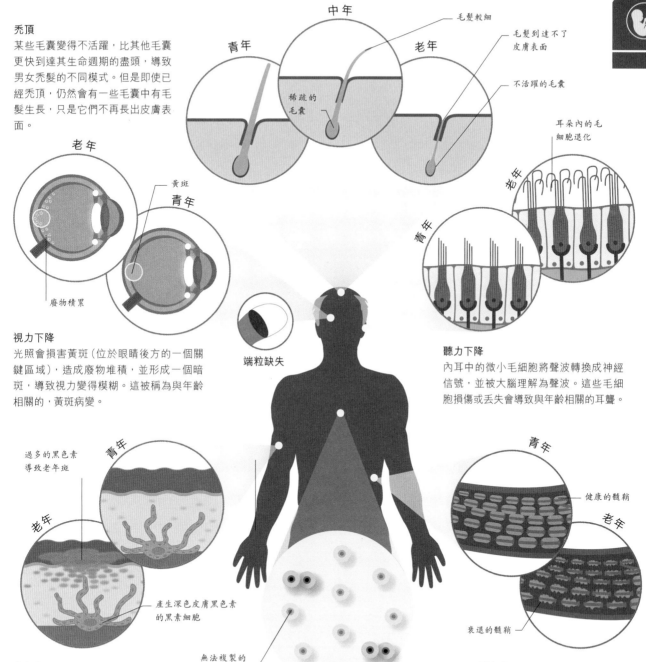

禿頂

某些毛囊變得不活躍，比其他毛囊更快到達其生命週期的盡頭，導致男女禿髮的不同模式。但是即使已經禿頂，仍然會有一些毛囊中有毛髮生長，只是它們不再長出皮膚表面。

毛髮較細

毛髮到達不了皮膚表面

不活躍的毛囊

中年

青年

老年

稀疏的毛囊

耳朵內的毛細胞退化

老年

青年

視力下降

光照會損害黃斑（位於眼睛後方的一個關鍵區域），造成廢物堆積，並形成一個暗斑，導致視力變得模糊。這被稱為與年齡相關的，黃斑病變。

黃斑

青年

老年

廢物積累

端粒缺失

聽力下降

內耳中的微小毛細胞將聲波轉換成神經信號，並被大腦理解為聲波。這些毛細胞損傷或丟失會導致與年齡相關的耳聾。

過多的黑色素導致老年斑

青年

老年

產生深色皮膚黑色素的黑素細胞

健康的髓鞘

青年

老年

衰退的髓鞘

老年斑

當皮膚暴露在陽光下時，紫外線會產生自由基。這樣會導致細胞產生的色素增多，進而產生老年斑。

無法複製的細胞

3　無法再生

在老年期，只有少數細胞可以進行自我複製。當細胞不再具有自我更新的能力時，就會慢慢退化，衰老的跡象也變得更加明顯。細胞可能死亡，並被疤痕組織或脂肪替代。

神經衰弱

大腦中覆蓋在神經細胞上的髓鞘會退化，因此，其傳導電信號的速度就會減慢。這可能是導致思維遲鈍、記憶力下降及感覺減弱的原因。

生命的終點

死亡是生命週期中不可避免的一部分。當所有為活細胞提供支持的生物學功能停止時，死亡就降臨了。一些死亡是由於年老，另一些死亡則是由疾病和受傷造成的。

死亡的主要原因
這裏所列的是世界衛生組織（WHO）提供的 2012 年世界主要死亡原因。

導致死亡的因素有哪些？

非感染性疾病，例如心肺疾病、癌症和糖尿病是最常見的死亡原因。這些疾病多數與不健康的飲食、缺乏運動和吸煙有關，但還有一些疾病是由於營養不良造成的。

高血壓（4%）
未診斷或未治療的高血壓對老年人可能是致命的。

腹瀉病（5%）
患有慢性腹瀉的人有致命性脫水和營養不良的危險。

HIV（5%）
人類免疫缺陷病毒（HIV）引起的死亡人數正逐年減少。

道路交通事故（5%）
2012 年，因道路交通事故死亡的人數很多。

糖尿病（5%）
糖尿病患者也可能因心臟病或中風而死亡。

肺部感染和衰竭（16%）
肺癌和下呼吸道感染共同成為 2012 年人類的第二大殺手。

心血管疾病（60%）
心臟病發作和中風是世界兩大主要死亡原因。

財富如何影響壽命？

在高收入國家，10 個人中有 7 個在 70 歲（或以上）才死亡。這些人的生活質量較高，壽命也較長。在最貧窮的國家，10 個孩子中就有 1 個在嬰兒期就已不幸夭折。

世界上每年有 1% 的人口死亡。

大腦的活動

判斷一個人是否死亡的一種辦法是掃描大腦的活動。當腦電圖 (EEG) 顯示所有腦功能（高級腦和低級腦）發生不可逆轉的丟失時，就被診斷為腦死亡。因為大腦不再活動，就沒有了自主呼吸和心跳。「腦幹死亡」的人只有在人工生命支持設備的幫助下才能保持「存活」狀態。

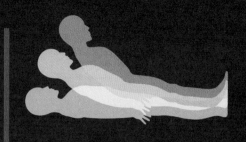

檢測不到有意識的大腦活動

昏迷狀態下腦幹仍然可以活動，以維持基本的生命功能，如呼吸等

昏迷

昏迷是一種無意識的狀態，在這種狀態下，人不能被叫醒，不能運動，也不能對疼痛等刺激作出反應。儘管如此，腦幹仍然是活躍的，可以維持一些基本的身體運作。

瀕死體驗

幾乎死亡的人被搶救回來以後，常常會報告類似的感覺，如懸浮起來、俯視自己的身體以及在隧道的盡頭看到一道亮光等。對這種瀕死體驗的其他常見描述還包括他們對早期生活的回憶或生動的記憶，並且被強烈的情感所征服，例如歡樂和寧靜。導致這些體驗的原因可能是氧水平的改變、大腦中化學物質的突然釋放或者電活動的急增。至今尚沒有人真正知道原因。

死亡後的身體

當心臟停止泵血時，身體的細胞就再也不能獲得所需的氧氣或是將毒素排出。肌肉細胞的化學變化和身體的整體冷卻，導致四肢在經歷最初的鬆弛期後變得僵硬。這種僵硬被稱為屍僵，在兩天之後又會消失。

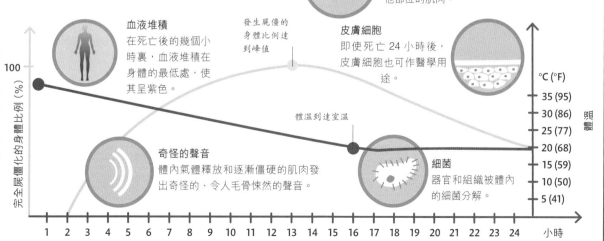

僵硬
屍僵首先始於眼瞼，並根據周圍的溫度、死者年齡、性別和其他因素，以不同的速度蔓延其他部位的肌肉。

血液堆積
在死亡後的幾個小時裏，血液堆積在身體的最低處，使其呈紫色。

發生屍僵的身體比例達到峰值

皮膚細胞
即使死亡 24 小時後，皮膚細胞也可作醫學用途。

體溫到達室溫

奇怪的聲音
體內氣體釋放和逐漸僵硬的肌肉發出奇怪的、令人毛骨悚然的聲音。

細菌
器官和組織被體內的細菌分解。

完全屍僵化的身體比例（%）

100

°C (°F)
35 (95)
30 (86)
25 (77)
20 (68)
15 (59)
10 (50)
5 (41)

體溫

1　2　3　4　5　6　7　8　9　10　11　12　13　14　15　16　17　18　19　20　21　22　23　24　小時

有關心智和精神
的幾個問題

學習的基礎

當人類學習新知識、能力，或是對刺激作出反應時，神經細胞之間就會形成連接。信息通過神經遞質（由神經細胞釋放的化學物質）從一個細胞傳遞到另一個細胞。人們越頻繁地記憶所學的知識，細胞就會發送越多信息，細胞與細胞之間的連接就越強。

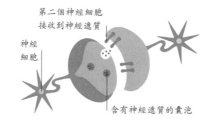

第二個神經細胞接收到神經遞質

神經細胞

含有神經遞質的囊泡

學習前
最初，當神經細胞受到觸發時，只釋放少量神經遞質，而且在接收神經細胞上也只有少量受體。

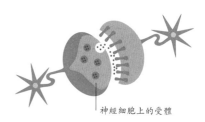

神經細胞上的受體

學習後
神經細胞釋放更多神經遞質，而第二個神經細胞上形成更多受體，加強了它們之間的連接。

學習的類型

人類根據知識類型以及知識呈現的形式以不同方式學習知識。某些技能的學習過程中有一個「關鍵期」，當中人類可以完全掌握這項技能。例如，對於成年以後再去學習一種新的語言的人來說，由於錯過了習得語言基本發音的關鍵期，在說這種語言時，可能會帶着口音。

不重要的信號
當人們遇到新的刺激，就會自動去關注它。但是如果這個刺激並沒有發出甚麼重要的信號，人們就會忽略它。

學會忽略一些信息

對某個聲音大吃一驚

對某個聲音完全沒有反應

聯想學習
當兩個事件經常同時發生時，人們就學會將它們聯繫起來。例如，如果一直在鈴聲響的時候吃東西，那麼每聽到鈴聲就可能會刺激食慾。

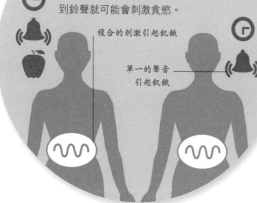

透過聯想學習

複合的刺激引起飢餓

單一的聲音引起飢餓

行為強化

獎賞和懲罰
因行為良好獲得獎勵或行為不良受到懲罰，可幫助人們理解一些概念，如哪些行為可以接受，哪些行為絕不可以接受。

受到獎賞的行為

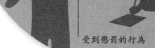
受到懲罰的行為

學習技能

大腦中神經細胞之間的連接使得人類持續不斷地學習成為可能。學習通常不需要有意識的努力，反而不斷重複練習有助保持這些技能。

探索一個新**城市**可形成**新的神經細胞連接，從而增加大腦的體積。**

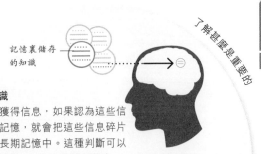

記憶裏儲存的知識

學習知識

當人們獲得信息，如果認為這些信息值得記憶，就會把這些信息碎片儲存在長期記憶中。這種判斷可以是有意識的，也可以是潛意識的。

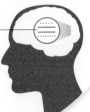

在後期需要時可獲取知識

在考試時所使用的知識

自動的行為

當學習駕駛時，不僅要注意自身的動作，還要關注交通情況。通過重複練習，逐漸學會了駕駛的身體動作，並將其變成自動的行為，使人在駕駛的時候也能同時分散一點注意力給其他事物。

全神貫注於駕駛

一邊駕駛一邊聊天

情境記憶

通過回顧過去的經驗，人們學會避免一些對自己不利的情況，例如雨天忘記帶雨傘。

曾經有過兩天被淋濕的經歷

過去經歷的記憶改變了現在的行為

為考試複習

　　當某些記憶開始逐漸消退，每複習一次這些信息可以增加人們的記憶強度，這樣就保證所學的信息儲存在長期記憶中。經常且少量地重溫舊知識是最好的保存方法。當為了一次考試或演講而臨急抱佛腳時，會迅速獲得很多信息，但是這些信息如果不加以溫習的話，就會很快被忘掉。這也是死記硬背只在短期有效的原因。

記憶的強度

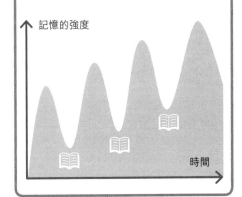

時間

記憶的產生

每一次經歷一些事，大腦就會對之形成記憶。無關緊要的小事情和改變生活的大事件都會被大腦儲存起來。人們能否記住它取決於是否經常回顧這些事情。人的經歷可以暫時儲存在短期記憶中，而如果這個經歷很重要的話，就會被轉移到長期記憶中。

1 感覺記憶

當人感覺到某種東西時，即使在無意識狀態下，也會創造一段短暫的記憶。它儲存在感覺記憶中，除非將它轉移到短期記憶中，否則會在1秒鐘內消失。

2 神經信號

記憶編碼是指感覺記憶形成真實記憶的過程。當人注意到感覺記憶時，它進入意識，並更加迅速地觸發編碼記憶的神經細胞。隨之，神經細胞的連接變得暫時得到增強，形成短期記憶。

3 鞏固

將新經驗與已經形成的記憶相比較。可以為新的記憶提供背景，伴有情感和重要性的記憶相比一般記憶更強烈，因而不太可能丟失。睡眠有助更加有效地鞏固記憶。

為甚麼人會體驗到「似視感」？

有時候，在陌生環境中產生熟悉的感覺，這可能是因為相似的記憶被喚起，但是與當前的情境發生混淆，因此，在沒有具體記憶下，產生了這種認知感覺。

觸覺　聽覺　嗅覺　視覺　味覺

編碼

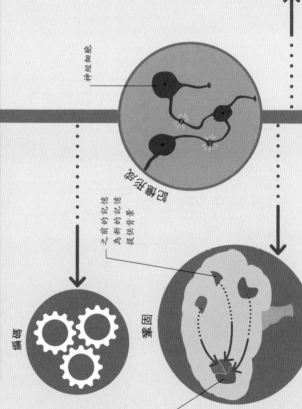

神經細胞

突觸

之前的記憶
為新的記憶
提供背景

最終的記憶

鞏固

短期記憶

人類的短期記憶可以保留大約五至七條信息，這些記憶（例如電話號碼或方向），只在有需要時被儲存。重複記憶可延長記憶的時間，但是如果在重複的時候被干擾，人們常常會將其忘掉。短期記憶被認為是基於大腦前額葉皮層的臨時活動模式而形成的。

不重要的記憶會丟失

記憶被遺忘

長期記憶

迄今，人們知道長期記憶可儲存無限量的信息。最有可能被最終生記憶的信息包括那些在情感上有重大影響的事物，例如一場婚禮；或者那些在語義上非常有價值的詞語，例如配偶的名字。這些記憶與大腦中記憶相關的區域（如海馬體）的生長有關，故長期記憶比短期記憶更穩定。

記憶混淆

當回憶起某個信息時，這個記憶就進入一個不穩定或易改變的狀態。在一個被描繪為「混淆」的過程中，人們會在重新整合這個記憶的過程間向這個不穩定的記憶添加一些別的信息。這些新的信息將成為記憶中不可分割的一部分。

真實的記憶

虛構的信息

作為「真實」的記憶被喚起

記憶被遺忘

1 記憶的回顧

當回想起某一個信息時，為它編碼的神經細胞就被重新激活。每次發生這種情況時，就會產生更多神經細胞連接，而現有的神經連接也會被強化。但是如果不經常回想這些記憶，就可能會丟失。

神經細胞的連接

記憶的喚起

神經細胞的連接被強化

2 儲存

幾個月後，神經細胞之間的連接可能變成永久性的，特別的經歷可以在當天就直接進入長期記憶。

3 記憶逐漸消失

如果幾個月甚至幾年後再去回想它，這段記憶就可能會逐漸消失。一些特殊事件中的具體細節，例如自己的婚禮上吃了甚麼，可能會被遺忘。

4 記憶的丟失

最終，多數記憶都會消失，即使是很重要的記憶！目前還不清楚這些連接是否已消失，或者它們仍然存在，只是人們無法找到它們而已。

月

年

幾十年

儲存的記憶

假期

生日

日子

行程

家庭生活

關係

入睡

　　睡眠是一種奇怪的現象。我們每天都會睡覺，但是並不知道為甚麼要睡覺。睡覺可以使身體和大腦有足夠的時間來修復，清除一天中積累的毒素，或增強記憶。剝奪自己的睡眠等於對自己的身體「徵稅」。

早上 7 點

早上 6 點

早上 5 點

身體癱瘓
在快速眼動睡眠期間，肌肉處於「癱瘓」狀態，因此無法將夢「表演」出來，而且有可能在這期間醒來。在這種可怕的經歷中，人處於半清醒狀態，卻動彈不得。

睡了一個好覺之後，睡眠壓力很低

腺苷在睡眠過程中分解

睡眠壓力
人保持清醒的時間越長，睡眠壓力就越大。這種壓力是由諸如腺苷之類的化學物質增加而引起的，它們通過抑制大腦中的神經元而引起疲勞感覺。白天越活躍，產生的腺苷就越多。

凌晨 4 點

快速眼動睡眠（REMs）
大多數的夢都發生在快速眼動睡眠時期。如果在這個階段醒來，很可能會記得做過的夢。做夢的時候，眼睛會在眼瞼下方移動。

凌晨 3 點

凌晨 2 點

夢遊
夢遊最有可能在深睡眠時期發生，但是為甚麼會發生這種現象仍然是個謎。在夢遊時，人可以到處走、吃飯，甚至駕駛！

睡前的睡眠壓力達到高峰

四級睡眠

三級睡眠

二級睡眠

一級睡眠

深睡眠

快速眼動睡眠

凌晨 1 點

清醒

深夜 12 點

在剛入睡的時候，幾乎不會進入快速眼動睡眠

淺睡眠

人的一生中，**三分之一時間都在睡覺**，但我們始終不清楚其中原因。

避免打瞌睡

許多人都用咖啡因來幫助自己保持清醒。咖啡因通過阻斷大腦中一種叫做腺苷的化學物質來實現提神作用，而腺苷則是使人感到困倦的「罪魁禍首」。但是當咖啡因的作用時間過去，會突然感覺到很疲累。

影響的範圍

如果不睡覺，人的身體和認知就會受到一系列影響。長期睡眠不足甚至會引起幻覺。

健忘

喪失理性思考

生病風險

心率更快

肌肉顫動

睡眠的階段

人類每天晚上會經歷不同的睡眠階段。一級睡眠是介乎睡眠和清醒之間。在這個階段，隨着肌肉活動減慢，可能會發生抽搐。當進入真正的睡眠階段，也就是二級睡眠時期，心率和呼吸都會變得均勻。在深度睡眠中（三級和四級睡眠），腦電波變得更加緩慢並且有規律。當經歷過其他水平的睡眠之後，可能就會進入快速眼動睡眠狀態。在快速眼動睡眠中，心率增加，腦電波看起來和清醒時候的腦電波相似。

圖例

這裏展示了一次典型八小時夜間睡眠的各個階段。人不斷在不同等級的睡眠（以 90 分鐘為一個回合）中切換，其中穿插着快速眼動睡眠。

- 清醒
- 快速眼動睡眠
- 一級睡眠
- 二級睡眠
- 三級睡眠
- 四級睡眠
- 睡眠壓力

如果不睡覺

長時間不睡覺會引起不適的症狀。當人疲勞時，大腦會漸漸對調節快樂的神經遞質（化學物質）反應遲鈍。這就是疲勞的人情緒多變的原因。睡覺時，大腦可以進行自我修復，並重新對這些神經遞質敏感。人清醒的時間越長，睡眠不足造成的影響就越大。

進入夢鄉

大腦收集並整合人們對人、地點和情感的記憶,創造出有時很複雜、但常常令人困惑的虛擬現實,也就是夢。

夢的建立

在快速眼動睡眠時期,大腦遠未達睡眠狀態。這個時期大腦非常活躍,也做夢最多。做夢時,大腦中與感覺和情感相關的區域尤其活躍。此時,由於大腦消耗氧氣的速度和在清醒時相似,因此心跳和呼吸的速率都很高。人們認為夢與大腦如何處理記憶有關。

夢遊與夢囈

夢遊在慢波睡眠或是深睡眠時期發生。在這種睡眠狀態下,人的肌肉不會像在快速眼動睡眠時期那樣「癱瘓」。腦幹將神經信號傳送至大腦的運動皮層,使人把夢「表演」出來。這在睡眠不足時更為常見。在快速眼動睡眠時期,如果那些使肌肉癱瘓的神經信號被中斷,就可能發生夢囈的行為,暫時允許人在夢中發出聲音。這種情況也有可能在當人從一個睡眠水平轉移到另一個睡眠水平時發生。

大腦的語言區域活躍

夢囈

人每晚花在做夢
的總**時間**約為 **2 小時**。

大腦的運動
區域活躍

夢遊

非理性思維

邏輯障礙
大部分理性思維發生在大腦的前額葉皮層,在做夢時這裏處於不活躍狀態。人會將夢中一些瘋狂的事件當成是正常的,因為夢中的自己無法辨別甚麼是正常,甚麼是異常。

無感覺輸入

感覺的重生
人的大腦在睡覺時幾乎接收不到新的感覺輸入,所以大腦中處理感覺信號的部位是不活躍的。人在夢中也會有「感覺」,但只是正在重新體驗清醒時有過的一些感覺而已。

快速眼動睡眠
在快速眼動睡眠時期腦幹中的神經信號調節腦的活動。快速眼動睡眠的「開啟」和「關閉」神經之間的交互作用,控制着人在甚麼時候進入快速眼動睡眠以及其頻率。快速眼動睡眠中唯一活躍的肌肉是控制眼球運動的肌肉,所以人在做夢時眼睛會轉動。

快速眼動

身體「癱瘓」

無法動彈
控制意識動作的運動皮層是不活躍的。腦幹向脊髓發送神經信號,引起肌肉「癱瘓」,從而阻止人把夢「表演」出來。此時,不會產生可刺激運動神經的神經遞質。

記憶鞏固

睡眠對儲存記憶十分重要,良好的睡眠有助保存新信息。夢被認為是大腦加工信息的副產品,可整合新的信息並忘掉那些不重要的記憶。

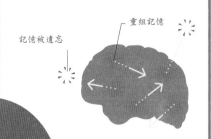

記憶被遺忘　　重組記憶

情緒反應

情緒失控
位於大腦中央的情感中樞是高度活躍的,故人在做夢時可能會經歷一系列情緒。大腦的這個區域包含杏仁核,它負責調節人對恐懼的反應,因此在發惡夢時會變得活躍。

空間意識

運動的感覺
即使人在做夢的時候身體並沒有移動,也可能會感覺自己是在運動。睡覺時,控制空間意識的小腦可能會變得活躍,從而令人出現在夢中奔跑或是墜落的情境。

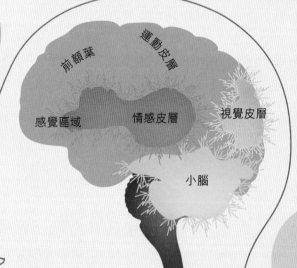

前額葉　運動皮層

感覺區域　情感皮層　視覺皮層

小腦

腦幹

心理意象

重組的記憶
睡覺時,大腦後部的視覺皮層會處於活躍狀態,因為它會借助過去經歷的事件形成夢中的情境。這些事件包括去過的地方、遇過的人,甚至接觸過的物體。它們可以是帶有強烈情感寄託的東西,也可以是隨意一件物品。

所有情感

情感會影響人們做決定，並且佔據人們大部分清醒的時間。由於社會關係對人類祖先的生存至關重要，因此，人類如今已進化到可以讀懂他人的情感。而理解情感的形成機制後，我們知道自己也能影響情感。

基本的情感

人類有一些普遍存在的基本情感。即使是文化相隔甚遠的人，也能對幸福、悲傷、恐懼和憤怒的面部表情產生相同的認知。將這些情感結合起來，可以體驗到大量更加複雜的情感。

恐懼和憤怒
儘管恐懼和憤怒各自與不同的激素相關，但是身體對這兩種情感的反應非常相似。而人是感到生氣還是害怕，則由大腦的詮釋來決定。

幸福和悲傷
人的大腦和大腸可產生諸如血清素、多巴胺、催產素和內啡肽等激素，這些激素水平上升可以使人感到幸福。如果這些激素水平較低，則會導致悲傷。

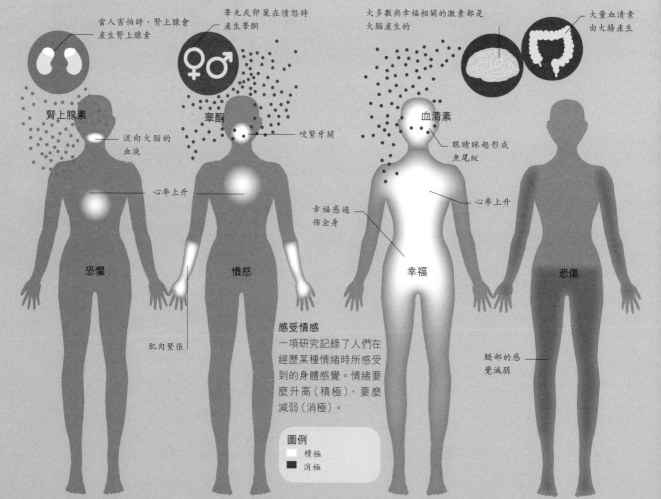

當人害怕時，腎上腺會產生腎上腺素

睪丸或卵巢在憤怒時產生睪酮

大多數與幸福相關的激素都是大腦產生的

大量血清素由大腸產生

腎上腺素

流向大腦的血液

睪酮

咬緊牙關

血清素

眼睛瞇起形成魚尾紋

心率上升

心率上升

幸福感遍佈全身

恐懼

憤怒

幸福

悲傷

肌肉緊張

腿部的感覺減弱

感受情感
一項研究記錄了人們在經歷某種情緒時所感受到的身體感覺。情緒要麼升高（積極），要麼減弱（消極）。

圖例
- 積極
- 消極

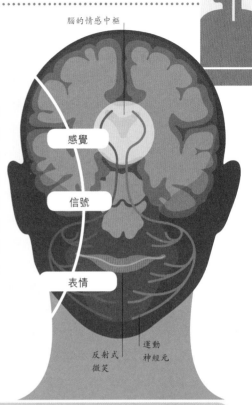

運動皮層

有意識
的干預

有意識地
微笑

運動
神經元

情感是如何形成的

　　情感包括感覺、表情和身體的症狀。似乎感覺看起來是排第一位的，然而身體有一條反饋迴路可以調節情緒，反之亦然。在這個迴路中的某一點，可以通過改變反應來加強、抑制或是改變情感。例如，如果感到快樂，那麼繼續保持微笑會使人感到更加快樂！

腦的情感中樞

感覺

信號

表情

反射式
微笑

運動
神經元

有意識的面部表情
當開始體驗一種情感之後，可以通過改變面部表情來隱藏或強化內心的真實情感。這個動作是由運動皮層的神經通路自覺控制的。

反射式面部表情
當體驗到情感時，就會不由自主地出現面部表情。例如，當聽到好消息時，會忍不住微笑。這些反射動作被認為是由大腦中的情感中樞杏仁核發出的信號所引致的。

人在跑步時出現的「跑步者的愉悅感」是由大腦中的天然化學物阿片類物質引起的。

人們為甚麼會有情感？

　　專家認為，情感是作為前語言交流方式發展的。通過理解情感信號，人們可以形成更強的社會關係。人們可以通過面部表情表明需要他人幫助、對所做的事情感到抱歉，或者以憤怒的模樣警告他人不要靠近。然而，一些科學家認為，情感有一個更為簡單的解釋，例如由於恐懼而睜大眼睛幫助我們看得更清楚，皺鼻所表達的厭惡情感使人避開空氣中有害的化學物質。

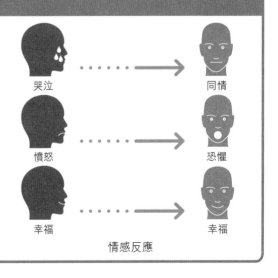

哭泣 → 同情

憤怒 → 恐懼

幸福 → 幸福

情感反應

戰鬥還是逃跑

當人受到威脅時，身體就會採取行動。大腦向身體發出信號，引起各種生理上的變化，讓人準備好面對挑戰，或者逃跑。

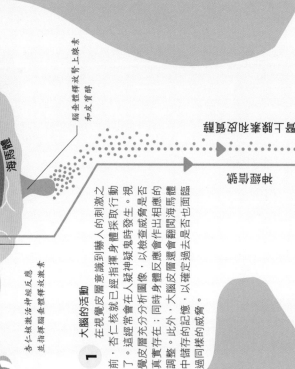

皮層

視覺皮層

身體作出自動反應後，視覺皮層開始處理圖像

下丘腦

海馬體

杏仁核

下丘腦將感覺信息以形式傳遞至杏仁核

杏仁核激活神經反應並指揮腦垂體釋放激素

腦垂體釋放腎上腺素和皮質醇

通過神經

垂體激素反應

蛇

激活身體的反應

你是否被花園裏的橡膠軟水管嚇到，然後才意識到它其實並不是蛇，完全無害？人在意識到威脅之前，大腦會激活神經系統，促使腎上腺分泌激素。同時，這個信息還會通過一條更長的路徑傳到大腦皮層，並由其中的意識大腦區域分析這個威脅是否真實存在。如果答案是「否」，已經觸發的身體反應會平靜下來。

1 大腦的活動

在視覺皮層意識到人的刺激之前，杏仁核就已經指揮身體採取行動了。這經常在人疑神疑鬼時發生。視覺皮層充分分析圖像，以檢查威脅是否真實存在；同時身體反應會作出相應的調整。此外，大腦皮層還會翻閱海馬體中貯存的記憶，以確定過去是否也面臨過同樣的威脅。

2 兩條途徑

來自大腦的信號通過神經傳遞到身體。同時，也透過腦垂體產生的激素傳送。但是神經信號的傳遞速度比激素產生得快。因此，神經信號會觸發腎上腺產生激素。

Q 人在壓力大的時候，可能會體驗到「管狀視野」，令人注意不到周圍發生了甚麼。

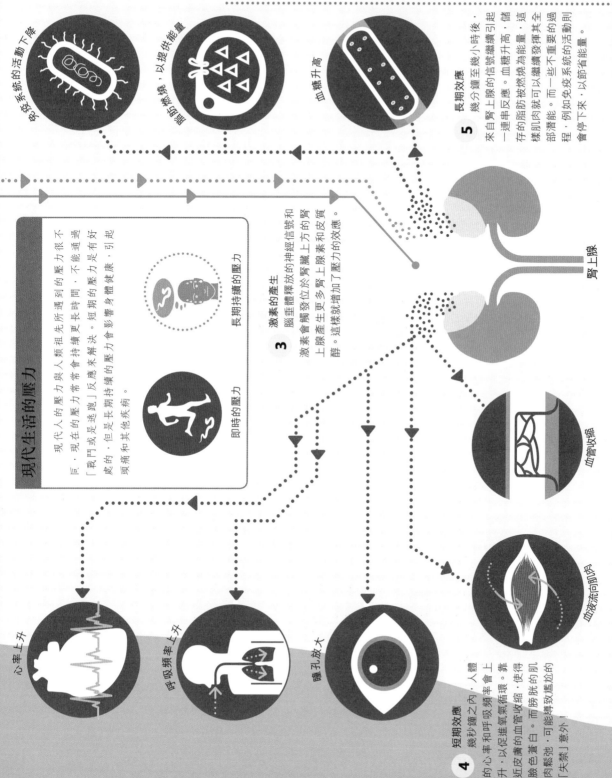

免疫系統的活動下降

脂肪燃燒，以提供能量

血糖升高

5　長期效應

幾分鐘至幾小時後，來自腎上腺的信號繼續引起一連串反應。血糖升高，儲存的脂肪被燃燒為能量，這樣肌肉就可以繼續發揮其全部潛能。而一些不重要的系統則會停下來，以節省能量。例如免疫系統的活動則會停下來，以節省能量。

現代生活的壓力

現代人的壓力與人類祖先所遇到的壓力不同。現在的壓力常常會持續更長時間，不能通過「戰鬥或是逃跑」反應來解決。短期的壓力是好處的，但是長期持續的壓力會影響身體健康，引起頭痛和其他疾病。

長期持續的壓力

即時的壓力

3　激素的產生

激素會觸發位於腎臟上方的腎上腺產生更多腎上腺素和皮質醇。這樣就增加了壓力的效應。

腦垂體釋放的神經信號和

腎上腺

血管收縮

血液流向肌肉

心率上升

呼吸頻率上升

瞳孔放大

4　短期效應

幾秒鐘之內，人體的心率和呼吸頻率會上升，以促進氧氣循環。靠近皮膚的血管收縮，使得臉色蒼白。而膀胱的肌肉鬆弛，可能導致尷尬的「失禁」意外！

情感的問題

　　人類的情感是由大腦中的化學物質及電路的平衡所控制，當某些化學物質不平衡時，就會導致情感失調。專家們曾經認為，情感失調純粹是心理上的，但現在他們發現每種情緒病背後也反映某些身體的改變。

恐懼症

　　當人對特定對象或處境產生異常強烈和不必要的恐懼情緒時，就稱為恐懼症。蛇會帶來致命危險，因此人對蛇產生警惕心理是符合邏輯的。如果恐懼擴展到圖片或玩具，並且開始影響日常生活，就發展成為恐懼症。恐懼症可以隨著時間逐漸發展，在幼年時習得，或與涉及刺激的事件相關。

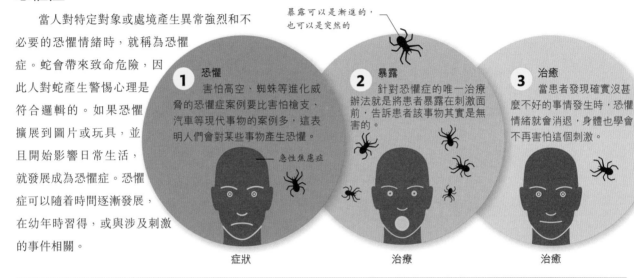

暴露可以是漸進的，也可以是突然的

1 恐懼
　　害怕高空、蜘蛛等進化威脅的恐懼症案例要比害怕槍支、汽車等現代事物的案例多，這表明人們會對某些事物產生恐懼。

急性焦慮症

2 暴露
　　針對恐懼症的唯一治療辦法就是將患者暴露在刺激面前，告訴患者該事物其實是無害的。

3 治癒
　　當患者發現確實沒甚麼不好的事情發生時，恐懼情緒就會消退，身體也學會不再害怕這個刺激。

症狀　　　治療　　　治癒

強迫症

　　強迫症患者遭受消極思想入侵，導致強迫行為出現，並錯誤地認為這種行為可以緩解焦慮。強迫症可能是由於連接大腦額葉和大腦深層的區域過度活躍所引致的。大多數強迫症可以通過治療來控制。

3 治癒
　　當患者發現確實沒甚麼不好的事情發生時，焦慮就會減少，從而打破這個破壞性的循環。

干擾思維的想法停止

1 重複的行為
　　一種不舒服的、而且通常是不理性的想法會進入大腦，並導致重複的行為發生。常見的例子包括頻繁洗手或頻繁以同一次數按開關等。

重複的行為

焦慮的來源

2 注意力減少
　　當患者產生消極思想時，可通過治療避免做出強迫行為。因思想帶來的負面影響會逐漸消減。

消極思想開始停止

重複的行為消失

治癒

症狀　　　治療

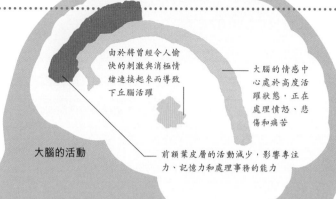

由於將曾經令人愉快的刺激與消極情緒連接起來而導致下丘腦活躍

大腦的情感中心處於高度活躍狀態，正在處理憤怒、悲傷和痛苦

大腦的活動

前額葉皮層的活動減少，影響專注力、記憶力和處理事務的能力

創傷記憶

　　一些人在發生創傷之後，會經歷閃回、過度警覺、焦慮和抑鬱等情況，這些都是創傷後壓力症（PTSD）的症狀。在痛苦時，回憶創傷記憶（不像普通的記憶）會引發一種「戰鬥或逃跑」的反應。可以通過心理療法或藥物來進行治療。

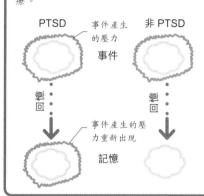

PTSD

事件產生的壓力

非 PTSD

事件

回憶

回憶

事件產生的壓力重新出現

記憶

抑鬱症

　　抑鬱症的症狀包括情緒低落、冷漠、睡眠問題和頭痛。它被認為是由大腦內的化學失衡引起的，導致某些區域變得過度活躍或活躍度不足。抗抑鬱藥可以通過提高化學物質的水平，來幫助大腦恢復這種平衡，但藥物只能治標不能治本。目前對抑鬱症的治療觀念，是將它當作一種身體毛病而不是精神狀況來對待。

躁鬱症

　　躁鬱症表現為情緒從躁狂到極度抑鬱的交替發作，具有高度遺傳性，可在家庭成員中傳播，但往往是由一個壓力較大的生活事件所觸發的。躁鬱症是抑鬱症的一種亞型，被認為是由於大腦中某些化學物質失衡引起，包括去甲腎上腺素和血清素，這種失衡導致大腦的突觸在躁狂時變得過度活躍或在抑鬱時活躍度不足。

躁狂期
常見的表現為能量過盛、睡眠減少、說話速度快。患者也可能產生妄想，例如認為自己很有名。

化學活動增加

症狀

極度喜悅

突觸

抑鬱期
患者出現嚴重的抑鬱，包括感覺絕望和疲勞。與躁狂期相比，患者在抑鬱期較接近現實。

化學活動減少

症狀

極度悲傷

突觸

情感吸引

人為何被某個人或某些人吸引，而不被另一些人吸引？人們根據甚麼作出選擇？對以上的問題，科學家的研究剛剛開始取得一些結論，認為上述現象主要取決於激素。

化學連結

當吸引力開始產生，激素在增加人們的浪漫情懷方面起着重要的作用。此時大腦中多巴胺的含量增加，產生大量熟悉的快感。一種能轉化為腎上腺素的化學物質被釋放出來，導致口腔乾燥、手心出汗、瞳孔放大，表明對某人的渴望，同時使自身變得越來越有吸引力。有人認為，血清素水平改變，會引發癡迷、淫蕩的想法。

1 產生慾望

在看到具有吸引力的對象的瞬間，大腦中一個被稱為大腦正中前額葉皮層的區域會被激活，開始迅速分析和該對象的約會的可能性。無論是男性還是女性，此時體內都會釋放睾酮，刺激其產生情慾。

2 兩性吸引的因素

人類的吸引力來自面部對稱度和身材，這些信息會表明對方是否健康及具備生育能力。其他因素還包括有沒有共同興趣，這會決定與對方是否能長期融洽相處。另外，紅色會點燃男女雙方的激情。

文化會對吸引力造成影響嗎？

在單一文化中，人們的審美標準隨着時間而變化。在歐洲，人們曾經認為白皙的皮膚和豐滿的身材象徵着財富，是女性具有吸引力的象徵。而現在，人們則更崇尚纖細的身材以及曬成深色的皮膚。

喚醒—啟動區域

大腦正中前額葉皮層

瞳孔擴大

面部對稱度

幽默感

語調和語速

身材

衣着的顏色

心率會隨着人受吸引的進度增加而上升，因此人們可能會將恐懼感和恐懼的感覺，把看一齣驚悚電影與第一次約會相提並論！

長時間的眼神交流增加了兩個人之間的吸引力。

體味

汗水可以反映一個人是否健康，甚至雙方的基因是否相容。那些汗水的系統不同的人，因為此汗水的味道往往相對彼此更具有吸引力。因為不同基因的結合會生出更健康的後代。一般來說，相比那些自身體味完全相同或完全不同的男性，女性會更喜歡與她們自身體味稍為相似的男性。

排卵

月經週期

信號的變化

當女性排卵時，會有微妙的變化，來顯示其生育能力，包括音調變高、臉頰潮紅，更頻繁地調情以及穿得更亮等。

微妙的信號

在許多動物中，當雌性具有生育能力的時候會出現明顯而易見的信號，例如身體上出現色形斑斕的浮腫物或是尿液中釋放出信息素。但是對人類來說，女性排卵並沒有明顯的外在表現。目前還不清楚人類為何會以這種方式進化。但不管怎樣，女性確實有微妙的方式來「公佈」她們的生育能力，例如會潛意識地接收到這些信得更漂亮等，而男性當嗅到處於排卵期的女性的號。有研究發現，男性當嗅到非排卵期女性的性的體味時，會比接放更多睪酮。體味釋放更多睪酮。

③ **長期的配對連結**

在最初的吸引階段之後，雙方關係發生變化，而另一組激素就開始變得重要。在性交之後，人體釋放催產素，增加對彼此的信任感和依賴感，有助建立兩性關係。血管加壓素也同樣重要。當兩個人花大量時間在一起時，就會釋放這種激素，以促進「一夫一妻制」的形成。

性交

非凡的頭腦

　　每個人的大腦都是獨一無二的，但總有一些人能做出令人驚奇的事情，這些事大多數人只能想像一下而已。這些不可思議的能力，有可能來自於大腦中神經網絡的細微變化，或者使用大腦的不同方式。

語言學習延遲

患有自閉症的兒童（但不是阿斯伯格症）需要更長時間來學習語言，當中有些人甚至永遠無法學會說話。那些學會說話的自閉症兒童成年後在與正常人進行語言交流時，也可能會有一定的困難。

社交障礙

自閉症的早期徵兆是減少與他人的眼神接觸。自閉症患者往往不喜歡社交，認為社交規則太複雜，令其感到困惑和恐懼。然而，這並不表示自閉症患者永遠不能形成牢固的社交關係。

重複行為

患有自閉症的人處理信息的方式與正常人不同，他們會覺得每天面臨的情況都是難以搞定的。患者常見的表現包括自我安慰和習慣性重複行為，這有助自閉症患者在焦慮時平靜下來。

特殊的興趣

自閉症患者通常會產生狹隘、特殊的興趣。這些興趣也許是他們得到安慰和愉悅的來源。原因可能在於，對他們來說，熟悉事物的結構和順序有助他們在「混亂」的社交世界裏獲得一絲喘息的機會。

有時自閉症導致

自閉症譜系

　　自閉症譜系障礙（包括阿斯伯格症）可能是由大腦中不尋常的連接模式引起的。普遍認為基因在引起家族性自閉症中起一定作用，但為甚麼基因對一些人的影響較輕，而另一些人終其一生都需要治療，目前原因尚不明確。

難得的非凡優點

有時，自閉症患者在數學、音樂或藝術等領域表現出不可思議的才能。這可能是由於他們的大腦專注於細節處理的這種特色。

神經連接的增加

任何大腦在生長的時候，都會去除非必需的神經細胞連接。有些人認為，在自閉症患者中，這一過程受到抑制，從而導致過多的神經連接。

感覺短路

有些人在感官上存在交叉。有些人將字母或數字看成是彩色的，而有些人會在聽到尖銳聲音時「嚐到」咖啡的味道。這些情況被稱為通感，是由於具有通感的人在童年時期沒有如其他小孩在同一時期大腦發育期間神經細胞之間某些連接被去除的相同經歷。這就導致了大腦感覺區域之間的額外聯繫。通感被認為是有遺傳性的，因為它常在同一家族中出現。然而，由於有些同卵雙胞胎有通感，而另一些雙胞胎卻沒有，因此遺傳學並不能解釋全部問題。

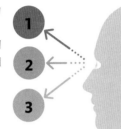

將數字看成顏色

幻覺

幻覺是十分常見的。例如，許多最近喪親的人都報稱看到了配偶，並且幾乎每個人都看到了事實上並不存在的東西。這是人類大腦試圖理解世界的一種正常的副產品。

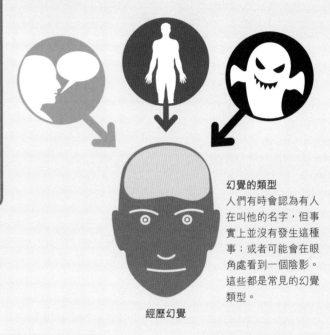

經歷幻覺

幻覺的類型
人們有時會認為有人在叫他的名字，但事實上並沒有發生這種事；或者可能會在眼角處看到一個陰影。這些都是常見的幻覺類型。

到 **5 歲**時，那些擁有**超級自傳式記憶**的人會開始**記住所有事物**。

記憶冠軍

有些人具有驚人的記憶力，但大多是使用技巧來實現的，例如把需要記住的物品放在熟悉的路線上。有一種人被稱為擁有「超級自傳式記憶」的人，會自動記住一生中發生的每一件哪怕無關緊要的事情。這種人的大腦中有一個更大的顳葉和尾狀核，這兩個區域都與記憶有關。

新的神經連接

記憶的通路
如果需要記住一連串數字，其中一種方法就是把每個數字與上班途中看到的地點或對象聯繫起來。例如，在汽車或建築物的窗口安裝一個 3 字，有助在記憶序列中記住該數字。

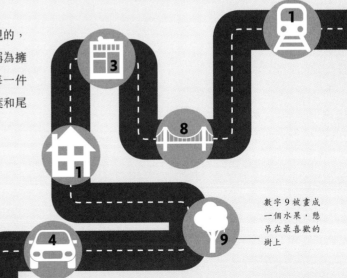

數字 9 被畫成一個水果，懸吊在最喜歡的樹上

索引
（按筆畫序）

鳴謝

DK 出版社感謝以下人士在本書出版過程中提供協助：

Amy Child、Jon Durbin、Phil Gamble、Alex Lloyd 和 Katherine Raj 在設計上的協助；Nadine King、Dragana Puvacic 和 Gillian Reid 在印前的協助；Caroline Jones 幫忙編排索引；Angeles Gavira Guerrero 幫忙校對。

出版社也感謝以下人士允許本書刊登他們的圖片：

第 85 頁：Edward H Adelson；

第 87 頁：照片庫：Steve Allen

關於進一步的資訊，請瀏覽：www.dkimages.com。